岩波現代文庫／学術 405

5分でたのしむ数学50話

エアハルト・ベーレンツ
鈴木 直［訳］

岩波書店

FÜNF MINUTEN MATHEMATIK;
100 Beiträge der Mathematik-Kolumne der Zeitung DIE WELT
by Ehrhard Behrends, edition: 1

First published 2006 in Germany
by Vieweg+Teubner Verlag | Springer Fachmedien
Wiesbaden GmbH, Wiesbaden.

First Japanese edition published 2007,
this Japanese paperback edition published 2019
by Iwanami Shoten, Publishers, Tokyo
under license from
Springer Fachmedien Wiesbaden GmbH, part of Springer Nature.

The Japanese editions include only 50 mathematical problems:
1, 2, 4, 6, 7, 8, 11, 13, 14, 15, 16, 18, 19, 22, 23, 25, 27, 28, 30,
32, 33, 39, 42, 43, 47, 48, 49, 53, 54, 55, 56, 59, 66, 72, 73,
76, 77, 78, 80, 82, 84, 89, 90, 91, 93, 94, 96, 97, 99, 100

まえがき

本書が誕生したいきさつは二〇〇二年一月二五日にまでさかのぼる。その日、ドイツ数学会(DMV)では理事会メンバーがジャーナリストたちを交えて食事会を催すことになっていた。公共メディアにおける数学のイメージについて語り合おうというのだ。その参加者の一人が、ドイツの日刊紙『ディ・ヴェルト』の科学部部長ノーベルト・ロッサウ博士だった。それから数カ月後、私は同氏に再会した。その時の会話から定期的な数学コラムのアイデアが生まれた。

私は解説が書けそうな約一五〇のテーマについてその概要を記した詳細な企画書を作った。私が提案した「五分間数学」というコラムのタイトルは了承され、デザイナーがコラムのロゴを考えてくれた。こうして二〇〇三年五月には準備が整った。最初のコラムは二〇〇三年五月一二日の『ディ・ヴェルト』の月曜版に掲載され、その後、毎週継続された。リズムが途切れたのは、月曜日が休日で『ディ・ヴェルト』が休刊の時だけだった。二年後、一〇〇回目を迎えたところで「五分間数学」は他のコラムにバトンタッチした。

私はテーマを選ぶさい、学校を卒業してからすでに相当な年月を経ていて、この科目についての具体的な記憶があまり多く残っていない読者、しかしそれでもそれについて何が書かれているのかを見てみたいと思う読者のことも念頭におくように努めた。数学といえば二次方程式の根の公式や関数グラフのことばかりなのだろうか？　そもそも数学について知りうることは、すべてもう分かっているのだろうか。「実生活」のいったいどこで数学が使われているのだろうか……。

二年間をかけて、目次に見られるように、多岐にわたるテーマを取り上げることができた。そこには現代的な問題もあれば、古典的な問題もある。簡単に分かるものも、なかなか手ごわいものもある。そして読者は多くの個所で、数学がたとえばロト［数字選択式の宝くじ］や、暗号や、CT（コンピュータ断層撮影装置）や銀行業務の評価など、われわれの生活のすみずみにまで浸透していることを知ることになるだろう。

まだコラムの連載が終わらないうちに、フィーヴェーク出版から、すべてのコラムを本の形で出版しないかとの提案があった。私は即座に了承したが、それには十分な理由があった。第一は、コラムを定期的に読んでくださった多くの読者から、そうした出版物への希望が寄せられていたことだ。第二は、コラムというものがその性格上、毎回の分量をほぼ一定に保たねばならなかったことだ。これは、いくつかのテーマについては、良心の呵責なしにはできないことだった。それゆえ私は、本にすることでこの制約がなくなることを、うれしく思った。そして第三に――紙面が限られたコラムと違って――本であれば、言葉だけではなく、より多く視覚に訴えることができる。写真、イラスト、関数グラフ、表……。

私はこうした新しい可能性を利用するよう努めた。それによって「もともとのコラム」に比べると分量は二倍半に膨れ上がった。大幅に加筆されたコラムもかなりの数にのぼる。たとえば「ヤギ問題」(第35話)がその一例だ。そこでは、数学的な背景を一度きちんとした形で説明しておくチャンスを逸したくなかった。しかしその他のコラムは、本質的にはもとのままにした。

コラムを執筆するにあたって私が重視した観点が三つある。

数学は役に立つ。明らかにしたかったことは、現在のわれわれの科学技術世界がなぜ数学なしには機能しないのかということだ。[パソコンにはよくIntel insideなどといった品質保証マークがついているが]ほんとうはもっと多くの生産物に「数学inside」という品質保証マークがついていてしかるべきだ。

数学は面白い。有用性のほかに、数学は特別な知的魅惑を提供してくれる。提示された問題を解きたいという癒しがたい衝動は、予想もつかないエネルギーを引き出してくれる。

数学なしでは、世界は理解できない。ガリレイによれば「自然という書物は数学の言葉で書かれている」。ガリレイの時代には、これは一つのヴィジョン以上のものではなかった。しかし今日われわれは数学が人間の想像力を超える領域にわれわれを連れて行ってくれる橋の役割をしていることを知っている。数学なしでは今日、世界を究極のところでつなぎとめているものを誰も認識することはできない。

私は、二年間にわたって『ディ・ヴェルト』の読者に数学上のテーマについて解説する機会を与えてくれたロッサウ氏に、この場を借りて感謝をささげたい。氏との共同作業は私のもっともよき思い出として心に残っている。

また多くの写真、特にフォトモンタージュを作成してくれたエルケ・ベーレンツにも感謝したい。また数学仲間のヴァウン・ハンセン(コペンハーゲン大学)とロビン・ウィルソン(オクスフォード大学)が写真を提供してくれたことも嬉しかった。最後に、校閲のさいに誤植をすべて発見してくれたティナ・シェーラーとアルブレヒト・ヴァイスにも感謝をささげたい。二人のおかげで、もう読者は誤植に首をかしげる必要はなくなったはずだ。

エアハルト・ベーレンツ

目 次

Ⅳ 世の中は確率で満ちている

V　考える力と数の論理

I

いろいろな数の世界

第1話　魅惑の数学——整数

ちょっとした賞金ゲームを紹介しよう。まず適当に三桁の整数を思い浮かべていただきたい。そしてそれを二回並べて書いていただこう。つまり、皆さんが選んだ数字が761ならば紙の上には761761という数字が書かれているわけだ。さてそこでゲームの始まり。まずはこの六桁の数字を7で割っていただこう。そのときの余りが皆さんのラッキーナンバーとなる。それは0、1、2、3、4、5、6の数字のいずれかのはずだ。7で割った時の余りはこれ以外にはありえない。さてそこで、もう一度皆さんの思い浮かべた最初の数字と、今計算した余りを葉書に書き、『ディ・ヴェルト』［この数学コラムが掲載されたドイツの新聞］の編集部まで送っていただこう。そうすれば折り返し、あなたのラッキーナンバーと同じ枚数の一〇〇ユーロ紙幣があなたのもとに送られてくる……。

ひょっとして、あなたのラッキーナンバーは0だったかな。つまり割り算をしたとき、割り切れてしまっただろうか。だとすれば、それはあなただけではない。ほかの挑戦者もみんなそうだったはずだ(さもなければ、編集部はこの記事の掲載に同意することもなかっただろう)。こういう現象が起こる理由は、その奥に秘められた整数論の性質にある。つまり、三桁の数字を二回並べて書くということは、その数字に1001を掛けるのと同じことなのだ。そして1001は7で割り切れるから、さきの六桁の数字もかならず7で割り切れるという寸法だ。

このアイデアはちょっと目先を工夫すれば、もちろんパーティ用マジックとしても使えるだろう。一〇〇ユーロ紙幣をプレゼントする代わりに、数字の余りをいい当てるという趣向でもいい。

ちなみに、数学上の事実がマジックに利用されるのは珍しいことではない。ただし、その結果は普通の人の期待を裏切るようなものでなければ面白くない。その根拠がなにかの理論の深みに隠されているものがよい。

もう一つアドヴァイス。マジックは香水と同じ。外見は中身と同じくらい重要なのだ。最初に思い浮かべてもらう三桁の数字に、1001が掛けられているということは、説明の時にけっして匂わせてはいけない。これは実のところ二回並べて書くということとまったく同値[数学的に同じ操作]なのだが、しかしこれが分かってしまうと、一番のポイントが台無しになってしまうだろう。7で割るというのを変えたい人は、11とか13でもいい。これらはいずれも1001の約数だからだ。もっともこれらの数字では、余りを出すための割り算がちょっとやっかいにはなるが。

さらなるヴァリエーション――10001, 100001, …

ではなぜ、書いてもらうのは三桁の整数でなければならないのか。二桁、あるいは四桁の数字でもうまくいくだろうか?

たとえば二桁の整数 n を考えてみよう。十の位を x、一の位を y として、それを二回くり返して書くと、xy から $xyxy$ という数字ができる。これは n に101を掛けたのと同値だ。ところが101は素数で、$xyxy$ の約数は xy と101ということになる。このマジックでは xy が具体的にどのような数字かはまったく分からないため、予言できることといえば101で割ったときには余りが出ないということだけだ。しかしそれではトリックが簡単に見破られてしまう。それに加えて101で割るという計算は観客にとって負担が大きすぎる。要するに二桁の数字は出発点の数字としてあまり適していないわけだ。

四桁の数字なら10001を掛けるのと同じことになる。この数字はたしかに素数ではなく $10001 = 73 \times 137$ である。しかしこの73も137も素数だ。だから四桁の数字を二回並べて八桁の数字を作れば、それはまちがいなく73と137で割り切れる。しかし73にしても、いったい誰がそんな割り算を好んでやってくれるだろうか。

ではもう一つ増やして100001という整数は、約数が11と9091。これまた計算には不

整　　数	素因数分解
101	101
1001	7・11・13
10001	73・137
100001	11・9091
1000001	101・9901
10000001	11・909091
100000001	17・5882353
1000000001	7・11・13・19・52579
10000000001	101・3541・27961
100000000001	11・11・23・4093・8779
1000000000001	73・137・99990001

向きな素数で、やはり五桁の数字も出発点として理想的ではない。こうしてどんどん進めていくと、次に小さな約数が出現するのはなんと1000000001（この整数は7で割り切れる）になってからだ。でもみんなの前でちょっとしたマジックショーをするときに、読者はこんな言葉でショーを始めたいと本気で思うだろうか。「さてみなさん、適当に九桁の数字を思い浮かべてください。そしてそれを二回並べて書いてください……」。やはり私のお勧めとしては、最初の案でいくことだ。

上の表は、10…01の形をとる最初の整数のいくつかを素因数分解したときの約数の一覧だ。

第2話 πの不思議

一番重要な数は何かと数学者にアンケートをとれば、円周率π(パイ)は十分、首位の座を得るチャンスがある。幾何学にとっての重要性は誰でもよく知っている。なんといっても「円周＝π×直径」という公式は小学校でもすでに大切な役割を果たしているのだから。

でも、それだけではない。円周率は、数学のほとんどあらゆる分野に――どこを探しても円などおよそ出てきそうもないような分野にさえ――出現する。円周率が確率論にとっても重要なものであることは、以前なら、一〇マルク紙幣[ユーロ導入前のドイツ紙幣。ガウスの肖像が使われていた]を見ればすぐに確認できただろう。というのも、そこには釣り鐘の形をした正規分布の曲線が描かれており、その公式の中に円周率が登場しているからだ。それは有名な数学者ガウスの業績を伝えるために選ばれたものだ。

πはまた数字としても特異な存在だ。たとえば円形の苗床にまく種の量を計算するためにπの値を公式に代入したい時などは、小数点以下何桁かの近似値を使うことができる。たとえば$\pi=3.14$だ。しかし、じつは小数点以下、いくら桁数をたどっても、この数はけっして正確には記述できないこと、つまり記述するには無限に多くの桁数が必要であることがすでに証明されている。それどころかπはいわゆる超越数［有理数から代数的操作で得ることができない数（第5話）］と言われる数で、数の階層の中でももっとも複雑なものに属する。この事実はすでに一九世紀に証明されたが、ついでに言えば、それによってそれまで二〇〇〇年間未解決であった「円積法」［定規とコンパスだけで与えられた円と等しい面積をもつ正方形を作図する方法］の問題が解決された（第25話）。

このように、小数点以下すべての桁数を調べることはしょせんできないが、少なくとも、できるだけ多くの桁数を調べることはできる。これにはスポーツ選手権のようなものがあり、コンピュータの助けを借りて、洗練された理論上の結果を駆使しながら次々と新記録が樹立されている。目下のところ、数十兆桁まで知られている。πにはまだ多くの秘密が隠されており、計算によってそうした問題の解決が得られるのではないかという希望がその背景にある。

最後に一言つけくわえると、πは数学者以外の人々にもある種の魅力を放っている。「πファンクラブ」なるものがあり、何年か前には「π」というタイトルの映画まで現れた。ジヴァンシーの香水「π」をつけてこの映画を見れば、すっかりその気になれただろう。

聖書の中のπ

行間を読める人なら、聖書の中にもすでにπを発見することができる。

「また海を鋳て造った。縁から縁まで一〇キュビトであって、周囲は円形をなし、……その周囲は綱をもって測ると三〇キュビトであった」(「列王紀上」第七章二三節、日本聖書教会訳)

ここで「海」と呼ばれているのは、ソロモンの神殿の前に設置された一種の聖水用水盤だ。円形のものを想像すべきで、聖書のテキストから次の情報が取り出せる。

円周の長さ ÷ 直径 = 3

これはπの近似値としては、おどろくべきほどおおざっぱな値だ。バビロン人とエジプト人はすでにπ ≒ 22/7 = 3.142… という、はるかに正確な近似値を知っていた。ただ、水盤の円周は、一番上の縁のところではなく、もう少し下がったところで測定されたと考えれば、この不正確さも容易に説明がつくかもしれない。

何通りかのπの概算方法

円周率πに関するいくつかの事情は、数学の知識がほとんどなくても明らかにすることができる。たとえば正方形に内接する円を想像してみよう(図1左)。

ここで円と正方形の接点の一つから、ちょうどその向かい側にある接点まで円周上に沿って移動するとしよう。その時の移動距離は円周の半分に相当する。したがってその長さは$2\pi r/2 = \pi r$となる。rは円の半径を表す。

次にこの二点間を正方形に沿って移動したとしよう。この経路が円周を辿るよりも長くなることは明らかだ。そしてその距離はrの四倍。すなわち、πrは$4r$よりも小さいということだ。そしてこの不等式の両辺をrで割れば、πが4より小さい値でなければならないという結果が得られる。同じような手法で、πが3よりも大きくなければならないということも説明できる。この場合には、正六角形に外接する円を描く(図1右)。六角形の一つの頂点から、向かい側の頂点まで移動する場合、今度は円よりも六角形の辺に沿って進んだ方が距離は短くなる。その距離は一辺がr(円の半径)でその三つ分、すなわち$3r$にあたり、ここから$3r$がπr

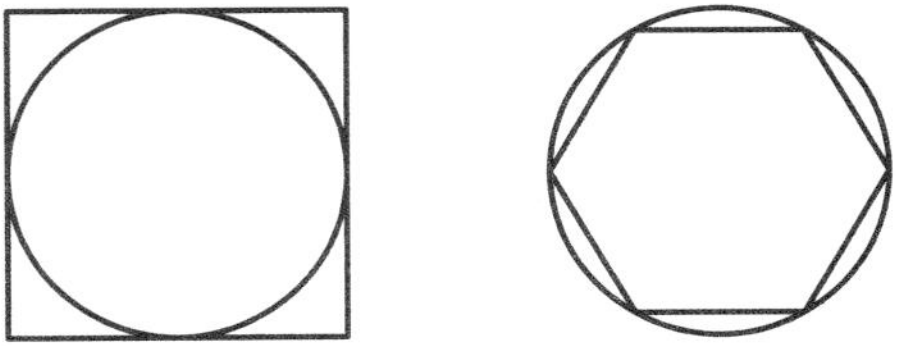

図1　πの値は4より小さく3より大きい

よりも小さいことが分かる。したがって3はπよりも小さくなければならない。

じつはこの二つの図は、もう少し多くのことを教えてくれている。そこにはもう一歩踏みこんだ情報がひそんでいる。つまり左図の正方形の辺を辿る経路は、円を辿る経路よりもずっと長いのに比べて、正六角形の辺を辿る経路は円を辿る経路よりわずかに短いだけだ。これはすなわち、πが4よりもずっと3に近い値だということを意味している。

第3話

果てしない成長

投資家にとっては受難の時代だ。今やこの国の利子はもう最低水準にまで落ち込んでしまった。そこで、どこかのバナナ共和国にある銀行を思い浮かべてみよう。その銀行は想像を絶する一〇〇％の利子をつけてくれる。一ユーロを預けておくと一年後にはなんと二ユーロになる。ある人が、この好条件をさらにつりあげるための秘策を思いつく。彼は半年後に、それまでたまった額——それは一ユーロの元金についた半年分の利子を加えて一・五ユーロになっている——を払い戻し、それを即座に預けなおす。もう半年たつと、それがまた一・五倍になる。つまり二・二五ユーロだ。そこで次にはさらに訪問の頻度を高めて、三カ月ごとに利子を元金に加えて預けなおす。そうすれば一年後には1.25 × 1.25 × 1.25 × 1.25 = 2.44 ユーロという相当な額になる。ここでひとつの疑問がわいてくる。もしこれを三カ月といわず、毎日預けなおせば、いや一時間ごとに、一分ごとに、それどころか一秒ごとに預けなおせば、もっとすごい額に増やせるのではないだろうか、と。

ところが驚くべきことに、この方法でいくらでも利子を増やせるというわけにはいかない。そこには超えがたいひとつの限界がある。それは2.7182…という数で、これが有名な自然対数の底eだ。

ふつうの消費者があらゆる場所で0、1、…、9の数字を目にするように、数学者は自分の学問のいたるところでこのeという数に出くわす。円周率πとならんでeは間違いなくもっとも重要な数のひとつだ。指数関数的に増加するもの(細菌!)、あるいは指数関数的に減少するもの(放射性物質の崩壊)を扱うときには、eなしにはすまされない。しかしまた確率論にも、この数はよく登場する。読者はまだ昔の一〇マルク紙幣をお持ちだろうか。もしお持ちならば、ガウスの肖像の横に描かれた釣り鐘型の正規分布曲線の公式を一度ごらんになっていただきたい。この紙幣にこの曲線が採用されたのはまったく当を得たことだった。それが記述しているのは、この世のあらゆる偶然を支配している普遍的法則だ。そしてそこでもeという数は根本的な役割を果たしている。

最大どれくらいの利子が期待できるか

元本への利子の繰り入れを頻繁に行なえば行なうほど、たしかにその人は、それだけ金持ちにはなれるが、しかしその利益はいくらでも多くできるというわけではない。次ページの表を見れば、この驚くべき事実にも合点がいくだろう。表の一行目(＝n)には、

n	1	2	5	10	50	100
資本の増加率	2.000	2.250	2.488	2.594	2.692	2.705

一年に等間隔で何回利子の払い戻しと繰り入れが反復されるかが、またその下には、一年の終わりに資本が何倍になっているかが記されている。ここでも利子は一〇〇%と仮定している。

nの値をどんどん大きくしていくと、下の数字はその極限値として自然対数の底e = 2.718281828459O4… に近づいていく。

指数関数

eという数には、まったく別の方法でも接近することができる。たとえば人口増加のための単純なモデルを見つけようとすると、おのずから次のような性質を持つ関数を探し出すという課題に行き着く。

[1] 求める関数fは、xが0のときに所定の値をとる。それは適切に標準化すれば1という値になりうる。

[2] 加えて、その関数は微分可能な関数である。それは、あらゆる値のxに対して関数の傾きが求められるという意味だ。言い換えれば、(グラフにしたときに)強く「とんがって」いない関数ということだ。

[3] ある値xにおける関数の傾きを$f'(x)$と書くと、常に次の式が成り立

つ。

$$f'(x) = f(x)$$

言いかえれば、関数の値が大きくなれば、関数の増え方もそれに応じて大きくなるということだ。

この関数と人口増加モデルとの関連は明らかだ。なぜならある地域の人口が大きくなれば、人口の増え方もそれだけ大きくなるだろうからだ。

驚くべきことに、右のような性質をもっている関数はたった一つしか存在しない。すなわち、あるxに対して$f(x)$がe^xとなるような関数だ(図1)。この性質を用いればeという数を次のような手順で定義することができる。

[1] まずは、右にあげた性質をもつような関数が一意的に決定されることを証明せよ。

[2] 次に$x = 1$のときのその関数の値をeと定義せよ。こうすれば$f(1) = e^1 = e$だから、自然対数の底がそこから導き出せることになる。

このアプローチのよいところは、それがそのままeという数にピッタリの応用分野に即応していることだ。つまり増加過程や減少過程(細菌、放射性物質、……)が問題になるときにはいつでもこのタイプの関数e^{ax}が登場するからだ。そのさい、数が増大する場合(細菌)にはaが正の数に、減少する場合(放射性物質の崩壊)には負の数になる。以下に二つの典型例を挙げておこう。

図2では、ある集団のメンバーの総数(たとえばある国の人口)が、時間の関数として示されており、図3では放射能汚染を受けた建物に残留している放射性物質の量が時の推移とともに減少していく様子が描かれている。

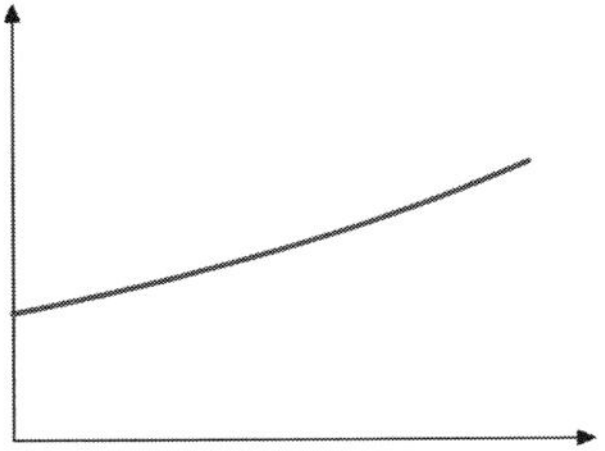

図1　$y=e^x$のグラフ

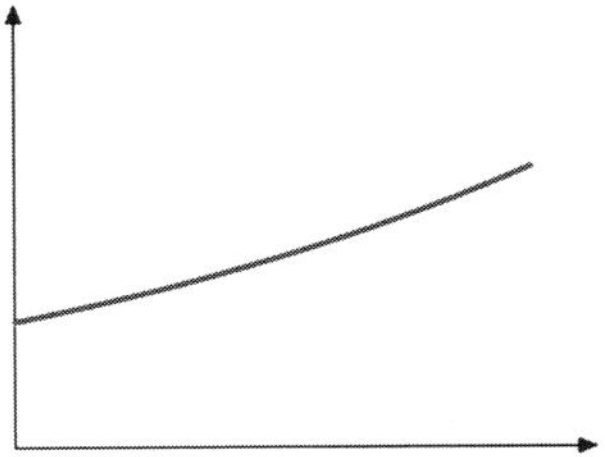

図2　$a>0$の場合のe^{ax}. 人口増加のケース

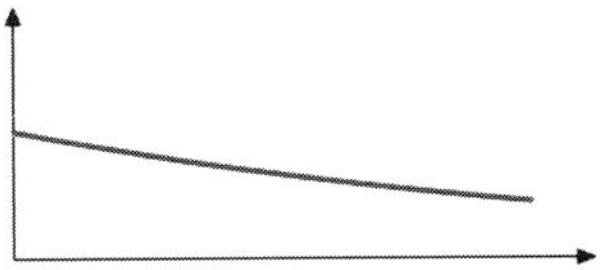

図3　$a<0$の場合のe^{ax}. 放射性物質崩壊のケース

第4話

「自然という書物は数学の言葉で書かれている」

「自然という書物は数学の言葉で書かれている」と、ガリレオ・ガリレイは四〇〇年ほど前にすでに詩的に語っている。

そこで彼が言いたかったことは、現実の多くの側面が数学に翻訳できるということだ。たとえばあなたが新しいアパートのリビングにじゅうたんを敷きつめたいと思っているとしよう。そのとき必要になる費用は初等幾何学を用いれば簡単にはじき出すことができる。つまり長方形の面積を計算しさえすればよい。

それはとりもなおさず、こうした考察を通じて、実際のリビングがそなえているある種の側面が数学に翻訳されたということだ。この操作が自然科学や工学に適用される場合にも、アイデアは同じだ。つまり問題になっている事柄のうちでちょうどそのときに関心を惹いている側面が数学の世界に翻訳され、そこで解決される。そしてそれがもう一度現実に訳し戻され――望むらくは――もともとの問題が解決されるというわけだ。そこでは数学のあらゆる部分領域が動員される。幾何学、代数、数値解析、確率計算。

解決すべき具体的問題は、どんなに複雑であってもかまわない。

ちなみにそれは、ドイツ人がアメリカに休暇旅行に行って、ある問題(「次のガソリンスタンドはどこにありますか」)を英語に翻訳して、現地の人の助けを借りるのと基本的には変わらない。そこでも解決は、他の言語の助けを借りて見つけ出される。

今日、ガリレイの冒頭の言葉が真実であることを真剣に疑う人はいない。とはいえ、なぜそうなっているのかということについては種々の議論がある。それはわれわれが理解できない謎なのだろうか。父なる神は数学者なのか。つまり世界は数学的原則に従って構成されており、その原則をわれわれは次第によりよく理解できるようになるのだろうか。それともすべては単なる習慣の問題にすぎず、数学の適用可能性などイリュージョンにすぎないのだろうか。

何世紀にもわたって哲学者や数学者は、これについて一般的に受け入れられる答えを見つけようと努力してきたが無駄だった。そうこうしているうちに、それがいつか成功するだろうという希望は次第にうせてきた。

翻訳者としての数学者

われわれをとりまく世界に数学を応用するということは、一種の翻訳行為として解釈されてきた。すなわち問題Pの構成部分を数学的問題P'に翻訳せよ。そしてそこで解

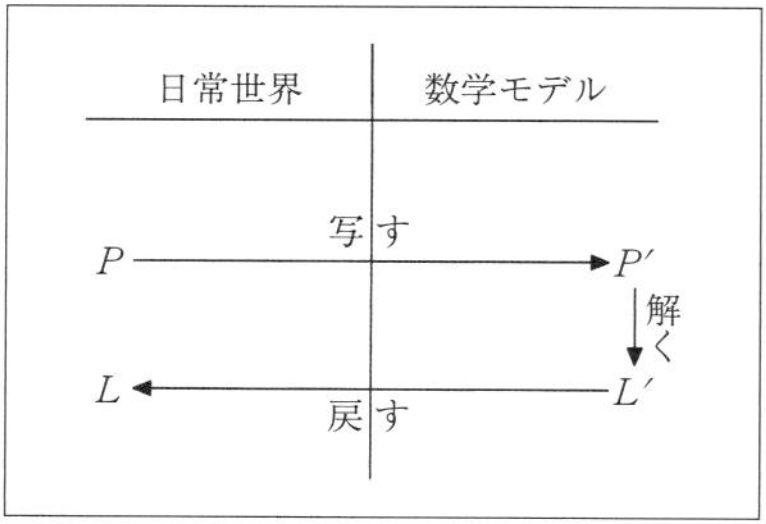

図1　翻訳としての数学

L'を見つけよ。しかるのちにそれを訳し戻したLを、もとの問題の解(の提案)として理解せよ、というわけだ(図1)。

形式的に見ると、これは数学内部に見られる、あるいは生活経験から得られる翻訳技術と大きな類似性を持っている。たとえば対数計算のもっとも重要な利点の一つは、乗法の問題が加法の問題に翻訳されるところにある。またニューヨークで空港に到着してタクシーを探す外国人が自分の問題を英語に翻訳して現地の人にその問題を解かせようとするのも、理にかなったことだ。

家庭菜園のために球面三角法は必要ない

ここで指摘しておかねばならないことは、われわれが一つの数学モデルを選択する場合、われわれは事前にすでに一つの決定を行なっているということだ。もしそのモデルがあまりに単純化されたものであれば、そこから得られる予見はほとんど使いものにならないだろう。そしてそのモデルがあまりに複雑であれば、計算にあまりにも手間がかかるか、さらには不可能になってしまう。誰だって自分の家庭菜園の面積を測るのに球面三角法を用いることはしない。だとすれば数学の理論はこの事前決定の枠の中でのみ利用されるということだ。

また数学モデルへの翻訳はけっしてそれだけでは十分ではない。このことを心に留めておくのも大切なことだ。たとえば車のブレーキ距離を確定しようと思えば、質量と力と運動の関係を決めている力学法則を援用しなければならない。

状況がさらに複雑になれば、具体的な数学上の問題に帰着するために、世界に関する山のような数の理論を適用しなければならないこともありうるだろう。しかもその数学上の解が現実に観察されるものと一致しない場合には、そのなかのいずれの理論を修正しなければならないのか、まったく分からないのだ。

第5話

数学にも超越的なものがある——でも、神秘主義とは無関係

数学者はある事象を説明するために、他の分野でも使われてはいるものの、数学ではまったく異なった意味をもつ概念を時に用いることがある。そうなると、部外者にとってはいくらか混乱の種となることがある。

たとえば超越数などという概念は、しばしばなにか神秘的で秘密めいたもののように思われる。たしかに円周率πが数学者ではない多くの人々をも魅了するのは、ひとつにはπが超越数であることによるだろう。

超越数とは何かを理解するには、数の階層という基本概念を知らねばならない。われわれの目的のためには、まずは分数から始めれば十分だ。たとえば$3/8$とか$7/19$などといった数だ。これらは「有理数」ともよばれるが、ただし、ここでいう「理」とは「理性」の「理」とは意味が違う。

有理数を用いれば、日常的な課題はほとんどすべて解決できる。しかし多くの問題で、非常に厳密な解を求めようとすると、円周率πや2の平方根といった、より複雑な数が

必要となってくる。

有理数ではない数は、当然、無理数ということになる。数学世界は無理数で満ち溢れている。しかしこの無理数の中にも、比較的単純に記述できるものがかなりある。数学者の間ではそれを「代数的数」とよぶことになっている。簡単に言ってしまえば、それは「足す」「掛ける」「引く」「割る」といった代数の概念だけを用いて伝えることのできる数ということだ。

そして、それができない数が超越数とよばれる。超越数を扱おうとすると、代数的な方法だけでは足らなくなる。超越数がよく出現するのは、極限値を求める作業の中で数が発生してくるような場合だ。

ではなんのために超越数を扱うのか。数の階層についての詳しい研究は、これまでもすでにセンセーショナルな成果をもたらしてきた。なかでももっとも有名な例はまちがいなく円積問題の不可能性証明だろう。その証明のためにはまず、コンパスと定規だけでは、比較的単純な(すなわち代数的な)数しか作図できないことを考えてみる必要があった。しかし、円積問題を解くには超越数を生み出さなければならない。証明はそのような手順で行なわれるが、なんといってもこれは二〇〇〇年にわたって解決できなかった問題だった。

数の階層

この本のいろいろな個所で役割を担っている数の階層の中で、超越数はもっとも複雑な数の代表格だ。以下に体系的な概略を示そう。

[自然数]

これは1、2、3、…というもっとも単純な数だ。私たちは幼少期のどこかで「数」という抽象性を理解する。そして学童期以前の子どもでも、それを用いて単純な計算課題をこなせるようになる。

これについて知っておくと便利なこと。

(1) 自然数を公理によって定義するために、今日ではペアノの公理が用いられる。この公理によって自然数は1から始まること、そして「どこまでも果てしなく数えることができること」が確定される。そこできわめて重要なのは、数学的帰納法の公理だ。すなわち1について成り立つことが分かっており、かつnについて成り立つならば$n+1$についても成り立つということが証明できるようなあらゆる命題は、すべての自然数について成り立つという公理だ。

(2) 自然数の全体はNという記号で表される。

[整数]

自然数から自然数を引いた答えとして表せるあらゆる可能な数を**整数**という。たとえば3、0、-12はそれぞれ整数だ。なぜなら、それらの数は(たとえば)$5-2, 4-4, 2-14$などと書くことができるからだ。整数は経済の分野で簡単な計算をするのに適している。なぜなら、これを使えば負債や前借りなども考慮できるからだ。

これについて知っておくと便利なこと。

(1) 整数の全体をZと書くことはすでに慣習化されている。

(2) あらゆる自然数は、ひとつの整数だ。しかし、その逆は言えない。

(3) 任意の整数同士の和、積、差は同じく整数だ。ただし商はその限りではない。$44 \div 11$は整数だが、$3 \div 2$は整数ではない。

[有理数]

mを整数、nを自然数とするとき、$\frac{m}{n}$の分数の形で書き表せる数のことを**有理数**とよぶ。たとえば33/12や、$-1111/44$などだ。

これについて知っておくと便利なこと。

(1) 有理数の全体はQという記号で表すのが国際的な習慣となっている。

(2) mが整数ならば、mは(少し、わざとらしいが)$\frac{m}{1}$と書くことができる。したがってすべての整数は有理数ということになる。

［無理数］

有理数ではない数を**無理数**とよぶ。こういう数を考慮しなければならないことが判明したことは、ギリシアの数学にとってはひとつのショックだった。無理数の中で一番有名な例は、2の平方根だろう。これについては別のところ(第6話)でもっとくわしい情報をお伝えすることにしよう。

無理数全体を表すような、一般によく使われる記号はない。

［代数的数］

あるゲームを想像してみよう。第一のプレーヤー(A)は何か一つの数xを考える。そのとき相手のプレーヤー(B)は、自然数と＋、－、×、÷の四則計算だけを使って、このxから0を作るような式を考えなければならない(ただしxは何度使ってもよい)。

次にいくつか具体例を挙げよう。

- プレーヤーAが$x = 17$を挙げたとしよう。このゲームなら、Bは簡単に勝つことができる。単に$x - 17 = 0$という公式を挙げればいい。だからAがxの値に整数を入れれば、Bはいつでも勝利できる。

- 次にプレーヤーAは $x = 21/5$ という数に決める。それでもBは勝つことができる。$5x - 21 = 0$ という式は、許された方法で x から0を作れることを示している。一般的にいえば、x が有理数ならば、Bは勝つことができる。
- そこでAはさらにがんばって $x = \sqrt{2}$ という数を提出する。Bにとっては、これまでよりは少し勝つのが難しい。しかし大丈夫。$x \times x - 2 = 0$ という式は、この x からでも0を作ることができることを示している。

Bが与えられた x に対して勝つことができる場合、そのような x を**代数的数**とよぶ。右の例から、整数、分数、2の平方根は代数的数であることが分かっただろう。

[超越数]

代数的数がどんなものかを知っていれば、超越数のことは簡単に分かる。すなわち、ある数が代数的数ではないとき、その数は超越数とよばれる。つまりプレーヤーBがどんなに複雑な式を駆使してもどうしても勝てないとき、その数は超越数というわけだ。

これについて知っておくと便利なこと。

ある数が代数的数であることを証明することと、それが超越数であることを証明することの間には雲泥の差があることに注意しなければならない。代数的数であることを証明するには、一つの方法を提示して、計算を実行しさえすればそれでよい。これに対して超越数であることを証明するには、地球から太陽まで届くほど長い長い数式を使っても、ついに0は作り得ないということを証明しなければならない。これが先の場合に比べてはるかに難しいことは明らかだ。事実、一つの数について、それが超越数であることを厳密に証明できるまでに、一九世紀の半ばごろまでかかったほどだった。

数学の中でもっとも重要な数のいくつかは超越数だ。なかでも一番有名な例は自然対数の底 e と円周率 π だろう。

第6話　最初の本当に複雑な数

分数で表現できる数――いわゆる有理数――は二つの理由からきわめて大切な意味を持っている。一つの理由は、それが非常にたくさん存在するため、実際に重要な数は、あまり不都合なく有理数で代用することができることだ。たとえば円形の苗床に種をまくとき、円周率πを314/100で置き換えてもまったく問題は生じない。

第二の理由は、分数が非常に簡単に扱えるということだ。$\frac{5}{11}$が何を意味するかは、かなり小さな子どもにでも説明してやれる。それどころかピタゴラス学派の人々は、算術と幾何学の問題にとって重要な数は、ことごとく有理数でなければならないとさえ考えていた。じっさい彼らはこの原則に従って多くの現象をなんとか記述することができた。たとえばピタゴラス音階は、個々の音の周波数の比が単純な分数になるように作られている。

だからこそ当時、特にショッキングだったのは、非常に素朴な関係の中からも有理数ではない数が生じうるということだった。こうした数は無理数と呼ばれている。その一番有名な例はまちがいなく2の平方根だろう。それは一辺の長さを1とする正方形の対角線の長さだ。幾何学をやりたいと思う人なら誰でも、この数を素通りするわけにはいかない。

無理数であることの証明は簡単ではない。コンピュータがあり、ふんだんに時間を使えても、あまり役には立たない。いったいどうして2の平方根は、何億桁を使っても二つの整数の分数で表現できないのだろうか。

解決には間接的な証明を用いる。これはシャーロック・ホームズにも時に利用される手法だ。もしもこれこれだと仮定する。するとこれこれでなければならない。ところがそれは事実と異なる。それゆえ最初にたてた仮定がまちがっている、というあのやり方だ。

この手法は以下のケースでも成功する。関心のある方のために、あとで技術的な詳細を説明しよう。

無理数であることの証明に関しては一つの逸話も残っている。それは、ピタゴラス学派の人々によってじつは証明され、最高度の機密事項として伏せられていたというのだ。ところがその発見者――ヒポススという人物とされている――は数理解の根幹を揺るがした罪で処刑されたという。

なぜ$\sqrt{2}$は分数で表現できないのか

2の平方根とは、それを自乗した時に2が得られるような数のことだ。そのうちの正の数を今wとしよう。試算してみればwの大きさがおよそどれくらいかはすぐに想像がつく。たとえば1.4の自乗は$1.4 \times 1.4 = 1.96$で、2より小さい。それゆえwは1.4よりも大きくなければならない。他方、1.5の自乗は2.25であり、これでは大きすぎる。したがってwは1.5よりは小さいはずだ。

簡単な電卓さえあれば、もっと正確に知ることができる。実用目的なら十分に足りる一つの近似値は$w = 1.414213562$だ。しかしこれでもまだ2の平方根と完全には一致しない。なぜなら

$$1.414213562 \times 1.414213562 = 1.999999998944727844$$

となり、まだわずかに小さすぎるからだ。

数学者たちはすでに二〇〇〇年以上も前に、そもそもwを分数で表現しうる可能性があるのかどうかを問うていた。

以下の証明は、次の事実をうまく利用するだけのものだ。すなわち

奇数の自乗は奇数であり、偶数の自乗は偶数である。

本来の証明はwが分数である、というところから出発する。そしてそこから最後に不合理が生じてくるまで推論を続ける(ちょうどシャーロック・ホームズが、殺人犯が台所を通ってレストランを去っていったのなら、料理人たちに姿を見られたはずだ、しかし彼らは何も気づかなかった、だから犯人は別の経路で逃げたはずだ、と推理するときのやり方と同じだ)。

われわれはまずwを二つの自然数pとqを用いて、$\frac{p}{q}$と記述する。この分数は約分できる限度まで約分してあるものとする。その時、pとqのうちの少なくとも一つは奇数でなければならない(両方とも偶数なら2で約分ができる)。

すなわち$p = w \times q$である。今、両辺をそれぞれ自乗し、$w \times w = 2$であることを思い出せば、

$$2 \times q^2 = p^2$$

となる。したがってp^2は偶数ということになる。そして先にあげた事実から、これはp自身が偶数のときしかありえない。そこでわれわれは$p = 2 \times r$と書くことにして、これを$2 \times q^2 = p^2$に代入する。そのとき——$p^2 = 4 \times r^2$だから——$2 \times q^2 = 4 \times r^2$となり、両辺を2で割って$q^2 = 2 \times r^2$という結果が得られる。すなわち$q^2$は偶数であり、したがって$q$もまた偶数でなければならない。しかし、これはおかしい。なぜと

いって一方でわれわれは、$\frac{p}{q}$という分数をその限度まで約分したはずだ。ところが他方、pもqも偶数だという結論が出たのだ！

かくしてwは分数では記述できないことが示された。どんなに天文学的な巨大数を用いても、一〇万年かけても、それは無理なのだ。

第7話　過大な責任を負わされたチョウ

「ギリシアで一羽のチョウが羽ばたくと、フロリダで竜巻が起こりうる」。「ギリシア」や「フロリダ」が別の国名になったり「竜巻」が「嵐」になったりすることはあるが、カオス理論に発するこの発言は驚くほど広く人々に知れ渡っている。いったいこの主張の真意は何なのだろうか。

非常に表面的な意味でなら、それは本当だ。なぜならすべてのことは「なんらかの方法で」すべてのこととつながりを持っているからだ。ただし、それ以上の正確さを求めて問いつめることはできない。なぜといって羽根を動かすチョウのまわりに、正確にはどのような空気の流れができるかということさえ、すでに記述不可能だからだ。

あるプロセスにおいて、初期条件の微小な変化が結果に甚大な影響を及ぼすことがありうるという事実は多くの生活分野で知られている。チョウの羽ばたきはこうした事実のさらなる一例として受け取られてきた。ビリヤードをやったことがある人なら、球のあたる角度がごくわずか変化しただけでも、あたった球の最終ポジションには大きな違いがでてくることを知っているだろう。

こうした確認から得られる帰結は、実用的というよりはむしろ哲学的なものだ。あるシステムの初期状態を知ろうとしても、最後のところにどうしても避けられない誤差が残る。したがって将来の見通しについて顕著な成功を収めることはけっしてできないだろう。フランスの科学者ピエール・ド・ラプラス(一七四九―一八二七)は一九世紀のはじめに世界を巨大な機械とみて、現在の状態から過去と未来の全状態を計算しようとしたが、これはわれわれにはあまりにもナイーブに思える。このイメージは思考実験としてさえ役に立たない。なぜなら極小世界に関する現代の理解からすると、ある量の厳密な測定は、別の量がこうむる偶然的で制御不能な変化につねに関連しているからだ。

もっともこうした「初期状態の敏感な依存性」はあまりはっきりとは目につかない。たとえば天体の運動についてならば非常に長期的な予測が可能だ。それにひきかえ天気予報では、科学は可能な予測の原理的限界にすぐに突き当たってしまう。あなたが計画しているパーティが屋外で開けるか、それとも屋内で準備しておいたほうが無難かは直前にならないと決まらない。この事情は、将来においても変わらないだろう。どんなチョウがその羽根を動かすかは誰も予測できないのだ。

「線形性」対「非線形性」

カオス理論の話は、「線形」という概念について説明しておくためのよい機会だ。この概念はいろいろな分野で、しかもさまざまに異なる意味で用いられている。コンピュータ・プログラムの分野では、「線形」とは実行すべき命令が単線的に連続して処理されることをいう。その対立概念は並列処理で、そこでは何十から何千というコンピュータが仕事を分担するために相互に接続される。

また数十年前までは、情報――たとえば本書から得られる――を「線形」的に受容するのが一般的だった。人々は情報を一行ずつ読んでいく。そしていつかその本を読み終える。これは古風なやり方だ。なぜなら今なら別の仕方でも知識を調達できるからだ。たとえばインターネットでサーフィンをする人は、リンクの印が付いた言葉をクリックし、そこで知識を得てからもとのテキストに戻るか、あるいは全世界で提供されている山のような情報に誘われてさらなる旅を続けることもできる。このアプローチはわれわれの思考様式にひじょうによくマッチしているように思える。

しかし数学や物理学では、この言葉には別の、もうすこし限定した意味がある。「線形」というのは、入力した値の重ね合せが、出力した値の重ね合せとなって出てくる状態をいう。あるシステムにおいてfという入力に対してFという出力が、gという入力に対してGという出力が返ってくるとしよう。そのシステムが線形であれば、$f+$

gという入力に対して、$F+G$という出力が返ってくることが保証されている。簡単な例に(あまり伸びきっていない)金属ばねがある。三キロの重りをつけた時にそれが五センチ伸びたとすれば、六キロの重りなら一〇センチ伸びるだろう。自然科学で重要な意味を持つのは以下のような事柄だ。

(1)　局所的には非常に多くの物理現象が近似的に線形をなしている。それは自然の中で生じるカーブの大半がそれほど常軌を逸してはおらず、それゆえそのカーブの小片を観察する時にはそれを直線(接線)で近似することができるということからきている。

(2)　厳密にいえば自然の中には厳格な意味で線形的な過程は存在しない。たとえば金属ばねでもあまり荷重をかけすぎると切れてしまい、そうなれば線形性など問題外になってしまう。

(3)　あるシステムが線形性をそなえていると事柄は非常に単純化される。線形であれば特別に簡単な解を見つけることに集中することができ、欠落している解はその重ね合せから生み出される(一例をあげれば、ギターの弦の音は基本周波数である単純な振動から合成される。フラジョレット[弦を指で軽く触れることにより発生する倍音を利用した奏法]での音の出し方を知っていればそれを聞き取ることができる)。

「非線形×××」というのは、したがって「線形×××」よりも原則的に難しい。現在の数学分野には「×××」に入る多くの例が見つかるだろう。非線形オペレーター、非線形偏微分方程式、……。天気、化学反応、あるいはわれわれの宇宙の発展の記述など、この世界に関する興味深い問題はそのほとんどが非線形問題に行き着くことは明らかだ。それでこそはじめて真にカオス的なふるまいを予測することができるのだ。

第8話 想像力を超える巨大数

進化の歴史から見ると、人類は物理学的・数学的真理に対しては、きわめて未熟な存在だ。生殖と生存という目的だけを考えるならば、それらの真理のほんの一部しか現実には意味をもたない。つまり、中程度の速度、あまり大きすぎも小さすぎもしない長さ、適度な大きさの数などが分かれば十分にやっていける。だから今日、真理とみなされているような物理学的・数学的世界像を理解するのはとても難しい。たとえば光速に近いスピードで移動すると時間が止まったように感じられるといったような非常に不思議な現象が出現してくるからだ。それと同じように、ある種の数学的な事象については、その理解を邪魔する「関所」のようなものが、われわれの頭にいわば組み込まれている。

たとえば巨大数について考えてみよう。これが物理学なら、たとえわれわれの経験を超えるような距離であっても、少なくとも適当な縮尺に縮めることによって、目で見て分かるようにできる可能性がある。たとえば太陽をオレンジくらいの大きさに縮小したモデルで太陽系を説明することができる。ところが数となるとそうはいかない。あるところまでくると、われわれの想像力がついていけなくなってしまうのだ。

それが特にはっきりするのは、累乗《るい》で増加していく数を理解する能力の欠如だ。たいていの読者は例の米粒の童話を知っているだろう。チェス盤[8×8＝64個のマス目がある]の一つ目のマス目に米を一粒、次のマス目にはその倍の2粒という具合に、つねに前のマス目の二倍の米粒を置いていく。すると1、2、4、8、…という数の列ができる。さてその時、最後の六四番目のマス目に置かれる米粒はどれくらいになるだろうか。なんとそれは全世界で一年間に生産される米粒の数をはるかに超えてしまうのだ。

それはひどく現実離れしているように聞こえる。しかし、いわゆるチェーン・レターの形であれば、ほとんどの現代人がこの現象に定期的に接触しているだろう。たとえばあなたが一通のメールを受け取る。それはすでに何段階かの過程を経たものだ。あなたはそのコピーを一〇人の親友に転送し、彼らがまたこのゲームを継続する。そして、もしある人以下五世代、このゲームが続いた場合には、今ゲームに参加している人が五世代前の人に一枚の絵はがき(あるいは一〇〇ユーロ、その他のものでもよい)を送ることにする。これはちょっとそそられる話だ。ナイーブに考えると、すばらしい商売に思える。自分はたった一枚の絵はがきを書いて、このシステムを維持するだけでいい。それだけで、少したつと洗濯かごに一杯の絵はがきが届くのだ(いや、洗濯かごではまちがいなく足らないだろう。もしすべての参加者が律儀な人だったら、一〇万通ものはがきが届くことになるのだから)。でも、この種のゲームはたいがいすぐに破綻する。なぜなら、あまりにも多くの人が、あまりにも多くの友人から、早く一〇通のメールを書くようにと催促されることになるからだ。

ちなみに、この累乗による増加という現象には、数学者たちも敬意を払っている。条件を入力するたびに難しさの度合いが累乗で増加していくような問題は、真に難しい問題と見なされている。だからこの現象を利用して暗号処理の安全性を高めようという試みがなされているのだ。

累乗による増加

その1——米粒の洪水

では先の米粒の話では、正確にいうといったいどれくらいの米粒が必要になるのだろうか。そのためには$1+2+4+\cdots+2^{63}$という計算をしなければならない。でも、こうした足し算の合計は簡単に計算できる。こういう場合に使われるのは等比級数の公式だ。

$$1+q+q^2+\cdots+q^n=\frac{q^{n+1}-1}{q-1}\qquad(q\neq 1,\ n=1,2,\cdots)$$

私たちのケースでは次のような計算結果がえられる。

$$\frac{2^{64}-1}{2-1}=18{,}446{,}744{,}073{,}709{,}551{,}615 \fallingdotseq 18.4\times10^{18}$$

これほど多くの米粒が必要となるわけだ。

ここまで数が大きくなると、私たちはもう感覚をもてなくなる。ロトの当選番号が一四〇〇万通り(第32話)というのでも、すでにイメージするのは容易ではない。そこでせめておおまかな見積もりだけはしてみよう。米粒を非常におおざっぱに底辺の直径一ミリ、高さ五ミリの円筒形と考えよう。一ミリ×一ミリ×五ミリで五立方ミリの直方体の中に一粒が入るとして、二〇〇粒で一〇〇〇立方ミリ、つまり一立方センチになる。

さてこれでようやく計算ができる。二〇〇粒で一立方センチならば 200×100^3 で一立方メートル、さらに $200\times100^3\times1000^3=2\times10^{17}$ で一立方キロメートルの体積となる。そこで先ほどの数字をこの 2×10^{17} で割ってやれば、この米粒の山の体積を立方キロメートルの単位で求めることができる。その答えは九二立方キロメートルとなる。

しかしこれでもまだあまりピンとはこない。だがここでドイツ連邦共和国の総面積が約三六万平方キロメートルであることに気づけば、あの童話の中で無邪気に要求されていた米粒の量は、次のように言いかえることができるだろう。求められていた米の量とは、ドイツ全土にくまなく約二五センチの厚さで米を敷き詰めたときの量に相当する、と(なぜなら、二五センチは四〇〇〇分の一キロなので、三六万平方キロメートルに四〇〇〇分の一を掛けると九〇立方キロメートルになる)。とても信じられないですって? かく言う私にとっても、これは思いもよらぬことだった。それでわざわざ試算してみたというわけだ。

累乗による増加
その2――紙は何回折りたためるか

以下を読まれる前に一つ質問。一枚の紙を真ん中で折りたたんでいくとして、いったい全部で何回くらい折りたためると思いますか。ほとんどの人は予測を誤って、あまりにも多くの回数を想像してしまう。

折りたたむ際には、二つの点を考慮する必要がある。第一に、紙の厚さが毎回、累乗で増していくこと、つまり一回折るごとに紙が倍々で厚くなっていくことだ。これを五回繰り返すだけで、紙の厚さはすでに三二倍になる。なぜなら$2\times2\times2\times2\times2=32$だからだ。それでもう紙の厚さは一センチくらいになってしまう。そこからさらに五回くりかえそうものなら、紙の厚さは三二センチに達する。

しかし、そうは問屋が卸さない。何回か折りたたんだ紙がすでにdという厚さに達していると仮定しよう。その時、紙の上の面――折りたたんだ後には内側になる面――と、紙の下の面(外側になる面)では事情が異なる。つまり下(外)の面は折りたたんだ後、上(内)の面より伸びていなければならない。その差は、半径dの半円の円周に等しい。円周の長さは半径掛ける円周率の二倍で求められるから、半円ならば半径掛ける円周率となる。

一例を挙げよう。今読者の前に五回折りたたんで得られた一センチの厚さの紙があるとしよう。これを六回目に折りたたむ時には、下の面が三・一四センチ伸びるか、さもなければこの紙の束のどこかにしわを作って長さを埋め合わせるしかない。

というわけで何回か繰り返すと、ついにそれ以上は折りたためなくなる時がやってくる。経験的には八回が限界値だ(あるベルリンのラジオ局はこれを正確に知りたいと考えた。二〇〇五年九月一二日、一〇メートル×一五メートルの紙を用いて、公開実験が行なわれた。しかし、この実験でも八回という数字はついに超えられなかった)。

第9話　耳で聞く数学

今回の主人公はジョゼフ・フーリエ、一九世紀初めに「フーリエ解析」を発展させた人物だ。フーリエはフランス革命のさなかの、あるいはその後の混乱の余波を受けて、実に波乱に満ちた生涯を送った。たとえば彼はナポレオンに従ってエジプトにわたり、そこでエジプトの歴史と文化について、初めて体系的・学問的著作をまとめた人物だ。

フーリエ解析は今日、あらゆる数学者とエンジニアが利用する道具の一つとなっている。中心になるのは、どのようにすればある振動を単純な部品から合成できるかという問題だ。ここでは音、すなわち可聴領域にある空気振動に話を限定しよう。音の「原子」にあたるのは、さまざまな振動数をもつ正弦(サイン)振動だ。もしお望みならそのような音はすぐにでも聴くことができる。口笛を吹いてみるだけでいい。それはすでに正弦振動にかなり近い(図1)。

さて、この理論が予測するのは、ある波形が与えられた時、それを再現するにはどのような強度で、さまざまな周波数の正弦振動を重ね合わせなければならないかというこ

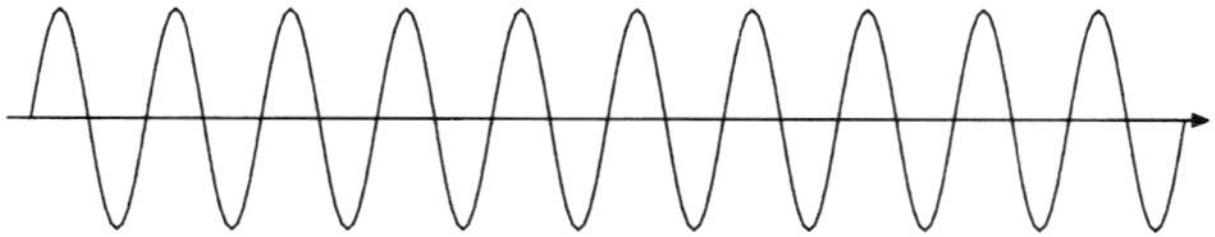

図1　正弦振動

とだ。必要なのは基本周波数の正弦振動とその二倍の周波数の正弦振動を少し、そして場合によってはさらに、三倍の周波数のものを加えることだ。

そしてこれは耳で検証することができる。たとえば一つの正弦振動にその三倍の周波数を重ね合わせて得られる波形を作ってみるといい。それには、いわゆる矩形振動がうってつけだ。矩形振動と正弦振動の違いが耳で聞き分けられるのは、可聴周波数の上限の三分の一の周波数までといわれている。可聴上限は大部分の読者にとっては一五キロヘルツあたりだろう。ということは、この二つの振動タイプの違いは五キロヘルツあたりまで聞き分けられるはずだ。

自分でこれを確かめるには周波数発生器があれば理想的だ(ひょっとすると知り合いの中に一人くらいエンジニアがいるかもしれない)。あるいはシンセサイザーやほかの電子楽器類が自宅にあるだろうか。それがあれば「正弦波」「矩形波」という波形選択のスイッチを探してみよう。これで実験はすぐにも始められる。

こうした機器類がなく、フーリエの理論を感覚的に確認することで満足しなければならない人は、次のパーティのときに一度人々の声に

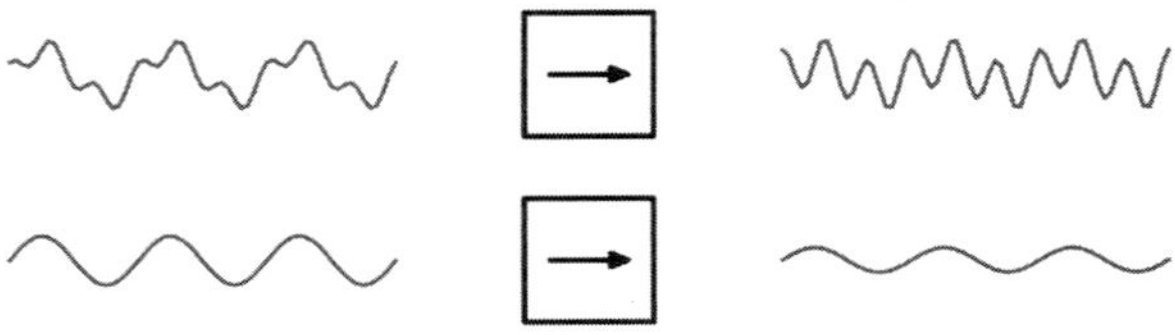

図2 「ブラックボックス」はこんなふうに作用する

耳を澄ませてみるといい。とても低い男性の声を互いに弁別するのは、とても高い女性の声を弁別するよりも簡単だ。それは低い声には可聴領域内に非常に多くの振動がかぶさっており、それによって耳は弁別のチャンスを多く持てるからだ。

ブラックボックス

耳によって少なくとも質的に検証できる数学的結果はほかにもまだある。一つの黒塗りの箱――今日ではこれをブラックボックスと呼んでいる――を思い浮かべていただきたい。われわれはここに信号を入力することができる。それは「なんらかの仕方で」処理され、その結果が出力される。エレクトロニクス技師なら、ある個所で電子信号が入力され、それが別の個所で感知されるような回路ならば、どんなに複雑なものでも考えられるだろう(図2)。

さてこのブラックボックスは次のような性質を備えていなければならない。

- それは「線形的」でなければならない。すなわち二倍の強さの入力信号が入ってきたならば、出力信号もまた二倍にならなければならない。また二つの部分振動が重ね合わされた振動が入力された場合、出力側にも、各部分振動を別個に入力したときに産出されたであろう出力振動を重ね合わせた振動が出現しなければならない。

- それは「時間不変的」でなければならない。今日一つの振動を入力し、出力信号を得たとすれば、明日同じ入力信号を入れても同じ出力信号が期待できなければならない。

エレクトロニクス技師にとっては、これは半導体を使ってはならないということを意味する(半導体は線形的ではない)。しかも実験の間中、一カ所も回路変更は許されない。一番よいのは、抵抗とコイルとコンデンサーだけを使用し、電流と電圧はあまり高すぎないようにすることだ。

この種のブラックボックスはきわめて一般的な状況を記述するものだが、そのいずれにも共通する一つの性質がある。それはフーリエ解析の部品となっている正弦振動が、いずれも本質的な変化をこうむることなく、こうしたブラックボックスを通過するということだ。それは弱まるかもしれないし、フェイズがずれるかもしれないが、変化するのはそれがすべてだ。

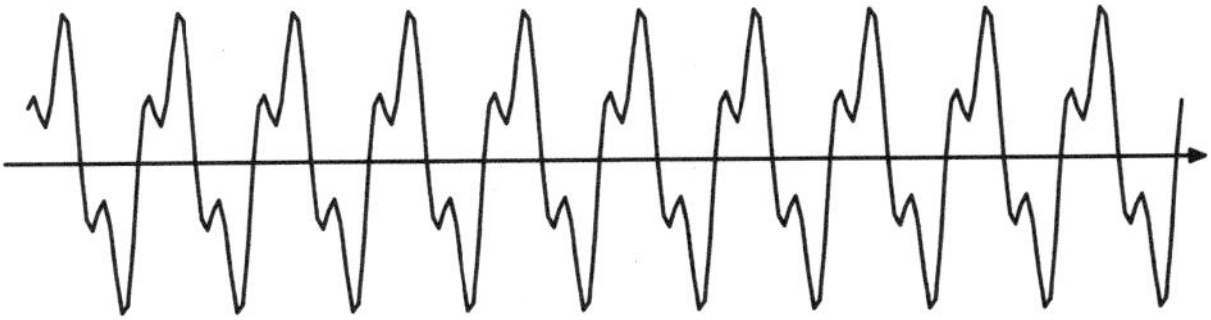

図3　周期関数 f

ここから聞き取れるのは以下の結論だ。音信号フィルター(高域、低域など)が、こうした性質をもつブラックボックスとみなしうる場合には、正弦音がそれを通過してもその性質は変化しない。笛の音(正弦振動にかなり近い)を入力すれば、同じ周波数の笛の音が出力される。しかしそれが歌声になると、その性質がすっかり変わって、たとえばはるかにくぐもった音になったり、高くきんきんした音になったりする可能性がある。

周期的振動を作るための「レシピ」——フーリエの公式

周期的振動は、フーリエのアイデアにしたがえば正弦振動を素材にして作ることができる。しかしその「レシピ」はどのようなものなのか、つまり正確にはどのような割合で正弦関数を配合していけばいいのか。

今一つの周期関数 f が与えられており、およそ図3のような変化をするとしよう。

つまりここには、x における関数の値が $x+p$ におけるそれとつねに同じ値になるような数 p(周期長)が存在する。したがって

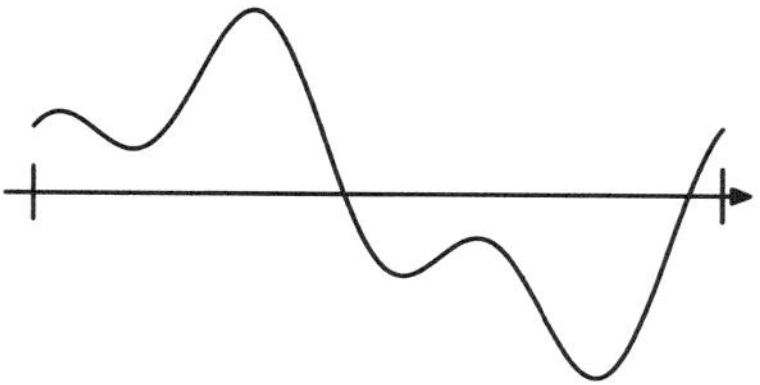

図4　f の本質部分

この関数は長さ p の周期、つまり図4のような区間について調べてやれば十分だ。

通常は $p = 2\pi$ と仮定する。というのも、このように仮定すると公式が非常に簡単になるからだ。それは x 軸上の目盛りを変えてやるだけで簡単に実現する。

最後の準備として知っておかねばならないことは、数学者が積分とよんでいるものだ。アイデアは簡単だ。今、g が一周期内で定義された一つの関数だとすると、g の積分値とは g のグラフと x 軸で囲まれた面積と考えてよい。ただし注意しなければならないのは、x 軸の下の部分の面積はマイナスとして計算されることだ。つまり関数が正の値をとる部分と x 軸で囲まれた面積が4で、負の値をとる部分と x 軸で囲まれた面積が3だとすれば、積分値は $4 - 3 = 1$ となる。もし両方の割合が等しければ積分値は0だ(図4には、そのような関数の一例が示されている)。

さてこれで個々の「材料」が計算できる。f を周期 2π の関数だとすると、f は以下のように書くことができる。

- a_0 は関数 f の積分値($x=0$ から 2π まで)を 2π で割ったもの.
- a_1 は関数 $f(x)\cos x$ の積分値($x=0$ から 2π まで)を π で割ったもの.
- a_2 は関数 $f(x)\cos 2x$ の積分値($x=0$ から 2π まで)を π で割ったもの.

  $\vdots$

- b_1 は関数 $f(x)\sin x$ の積分値($x=0$ から 2π まで)を π で割ったもの.
- b_2 は関数 $f(x)\sin 2x$ の積分値($x=0$ から 2π まで)を π で割ったもの.

  $\vdots$

$$\begin{aligned} f(x) = a_0 &+ a_1 \cos x \\ &+ a_2 \cos(2x) \\ &+ a_3 \cos(3x) + \cdots \\ &+ b_1 \sin x \\ &+ b_2 \sin(2x) \\ &+ b_3 \sin(3x) + \cdots \end{aligned}$$

ここで「sin」はサイン(正弦)関数を、「cos」はコサイン(余弦)関数を表す。これらの関数を組み立てる時に用いられる「係数」$a_0, a_1, \ldots, b_1, b_2, \ldots$ は上のコラムに示したようにして求められる。

要するに、積分の計算ができる人なら、単純な部品を合成するための正確な割合も決めることができるということだ。

第10話

数学でおなかの中が見える

数学者が時には探偵として活躍することは、中学校でもすでに学ぶことだ。たとえば x が未知数で、それについてはわずかに $3x + 5 = 26$ となることしか分かっていないといった場合がある。そこでシャーロック・ホームズ君、君の出番だ。$3x + 5$ が26に等しいならば、$3x = 21$ でなければならない。かくして x は7という数であることがあばかれる。

コンピュータ断層撮影装置(CT)にも、もっと高いレベルだが、これとよく似た手法がみられる。一例としてある平面図形、たとえば一つの円、楕円、あるいは長方形を想像していただこう。この図形を、われわれはガラス職人に頼んで、一センチ厚のガラス板からくりぬいてもらう。

そうしてできたガラス作品を側面から光にかざして見ていただこう。たとえばくりぬいた図形が円であれば、光がガラスを通り抜ける道のりは中央部分より両端部分の方がはるかに短い。したがって中央部分は暗く――たいていは深緑色に――、両端部分はずっと明るく見えるだろう。それに対して、その図形が長方形ならば、一様の暗さの帯が見えるだろう。

さてここで懸賞問題だ。まったく一般的に、さまざまな方向の側面から見た明るさの分布だけをもとに、この図形の形状を当てることが果たしてできるだろうか。イエス、驚くべきことにそれは可能なのだ。そしてこれがＣＴの基礎になっている。この医療診断技術で用いている原理は右にあげた例ときわめてよく似ている。人間の体をいろいろな方向から照射して、それぞれの方向での光線の吸収度を測定する。そしてこの数値をもとに、医学的な標的になっている身体部分の三次元像を再構成するのだ。

それは可能ではあるが、ただし細部は高度に複雑だ。目的を達するには、エンジニアの知識、コンピュータ技術、そしてかなり高度な数学という三つのものの興味深い混合物が必要で、そこで得られた結果が、今日では医学のスタンダードの一つになっている。

この技術が一九六〇年代に始まってから実用に耐えるものになるまで、ほんの数年しかかからなかった。その理由として大きかったのは、この問題が数学的にはすでに解決済みの問題だったことだ。今から一〇〇年近くも前に、数学者ヨハン・ラドン(一八八七―一九五六)が照射された対象を透過度測定だけを用いて再構成できる手法を提唱していた。

その意味でＣＴは「ハイテク」であるのみならず「ハイマス(高度な数学)」でもある。

逆問題で生じる難しさを説明するために，たとえば $0.0001x = a$ という方程式をとりあげてみよう．ここで a という数は既知数，x は値の大きい未知数とする．数学的にはべつだん難しいことは何もない．もちろん $x = a/0.0001 = 10000a$ だ．しかしこれがなんらかの実用から生じた問題だとすると，a の値はそれほど正確には分からない場合があるだろう．それがもし長さであれば，最後のところで1ミリの誤差がどうしても生じてしまうかもしれない．しかしその場合 x に関する誤差は10000倍に拡大され，求める値は10メートルの誤差の範囲でしか確定できなくなるというわけだ．

その研究は今でもどんどん進んでいる。というのも測定の速度や精密度についてはまだまだ改良の余地があるからだ。

逆問題

ＣＴで出現する問題は、いわゆる逆問題［通常の問題（順問題）とは逆に、結果（出力）から原因（入力）を推定する問題］の特殊ケースだ。これは他の応用分野にも登場する。たとえばさまざまな観測所で地中からやってくる揺れを測定して、震源の位置と地震の強さをできるだけ正確に計算するといった例だ。あるいは似たような手法で、反射波の測定によって地下資源の量と位置を逆算するといった試みも行なわれている。

あらゆる逆問題には共通してみられる独特の難しさがあり（上のコラム）、それはＣ

Tの場合にも重要な意味を持つ。たとえばその一つは解が測定値にきわめて敏感に反応してしまうということだ。測定した強度が完全に正確でないと——そして一〇〇%正確ということは技術上ありえない——診断がくるってしまうのだ。

第11話 複素数は名前ほど複雑ではない

ふつうよく使われる数を自乗すると結果は正の数になる。3×3 は9という具合だ。しかし $(-4) \times (-4)$ もまた正の数になる。したがって自乗したときに負の数になるような数はどのようにイメージすればよいのか、あまりはっきりしない。

これは数学者たちが数百年前に、すべての方程式に解がありうるかどうかという問題に体系的に取り組んだとき、彼らにとってもてごわい問題だった。その解決策は、あまり驚くに値しない部分と、画期的な部分の両方からなっている。たとえば、これまでの知識では解けない方程式を扱いうるためには、ときには新しい数領域に移行しなければならないということはそれほど意外なことではなかった。

これは誰でも中学生になれば習うことだ。小学生では、たとえ九九をマスターしても $x+3=1$ を満たすような数 x は見つけることができないだろう。正しい答え、つまり $x=-2$ は負の数を習って初めて得ることができる。しかもこの数は実際にも使うものだ。収入と同じように借金も計算できるようにするために、あるいは氷点下の温度やその他多くのものを表現するために用いられるからだ。

複素数の場合もこれと非常によく似ている。負の数を作り出すのと同じ理屈で、ある数の自乗が負になるような数領域を作り出すのだ。ところがそのとき、本当の意味で驚くべき性質が、この全体の中に出現してくる。すなわちこの領域の中では、意味ある形で表現しうる問題が最終的にすべて解決可能になる。つまり――本来ならば予測されるように――新しい問題が生じるたびに、さらに複雑な数領域を開発するという必要性がもはやなくなるのだ。

これらすべてのことは一八世紀、一九世紀に明らかになった。その時以来、数学者、物理学者、エンジニアたちは、素人が3や12といった数に親しんでいるのと同じ感覚で複素数に親しむことになった。複素数は平面上の点としてイメージすることができ、原則としてこの数は、われわれが日々接している数に比べて特別に複雑なふるまいをすることはない。

それで、何の役に立っているのか。複素数は数学者、エンジニア、物理学者の仕事にとっては、財政数学者にとって負の数が不可欠なのとまったく同様に欠かすことのできないものだ。

とはいえ、複素数になじむのはそれほど簡単なことではないというのは正しい。なぜなら日常生活の問題を解決するには複素数などまったく必要ないからだ。この数を「複素数」、さらには「虚数」などと呼んでしまったのも、あまり適切ではなかった。これによってこの数は不当にもなにか神秘的なイメージを帯びてしまった。ちなみに、そのイメージに惑わされた人はけっして一人ではない。ローベルト・ムージルは小説『寄宿生テルレスの惑い』の中でこの苛立ちを実にうまく描写している。

惑い……


「君、君はさっきのあれ、分かったの？」

「なんのこと？」

「虚数の話さ」

「ああ、だってそんなに難しい話じゃないよ。−1の平方根が、計算のための単位だということが分かればそれでいいのさ」

「問題はまさにそこだよ。だってそんなもの存在しないじゃないか」

「そりゃそのとおりさ。でもね、だからといって平方根の操作を負の数に対して適用しちゃいけないっていう理由はないだろう？」

「だけど、それが不可能だっていうことが確実に、まったく数学的に確実に分かっているのに、どうしてそんなことができるんだい？」


（ローベルト・ムージル『寄宿生テルレスの惑い』より）

複素数――いちばん重要なこと

次の事実を知っていれば、複素数のことがよく分かるようになるだろう。

(1) 複素数は平面上の点としてイメージできる。

通常の座標軸が描かれている平面上の一点を思い浮かべてみよう。図1には座標(2, 3)という点が記されている。

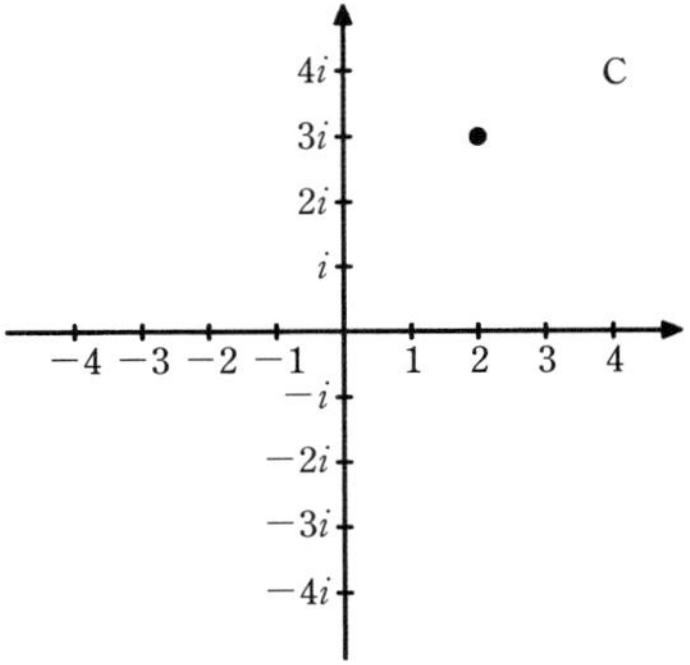

図1　複素平面

ここからただちに、われわれはもう平面上の点とはいわずに、複素数ということにしよう。(x, y)という座標を持つ点をわれわれは$x + yi$と書く。図1でいえばこの点は$2 + 3i$という「数」を表す。これはちょっと不思議かもしれないが、(12, 14)といった点を数として書くことができるということ(その結果は$12 + 14i$)が分かればそれで十分だ。そして逆に複素数に属する数――たとえば$3 + 2.5i$――は点として示すことができる(結果は(3, 2.5))。

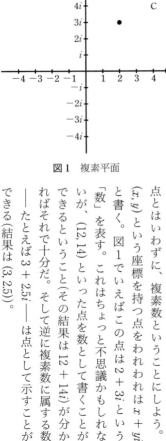

(2)　複素数の計算は簡単にできる。

複素数同士の加算は次のように行なう。たとえば $2 + 3i$ と $7 + 15i$ を足す場合には、i の付いていない部分と、i が付いている部分をたんに別々に加えるだけでいい。ここでは $2 + 7 = 9$, $3 + 15 = 18$ だから答えは $9 + 18i$ となる。同じように $-6 + 3i$ と $-3 + 2.5i$ の和は $-9 + 5.5i$ だ。これ以上の例は不要だろう。

掛け算については「第一に、中学校で習った規則をそのまま使って計算し、第二に $i \times i$ の形が出てきた場合にはそれを -1 で置き換える」という大まかなルールを覚えておけばそれでいい。一例として $3 + 6i$ と $4 - 2i$ とを掛け合わせてみよう。第一にあげた「普通の」計算方法によれば、答えは $12 - 6i + 24i - 12i \times i$ となる。そして第二のルールにしたがえば、$-12i \times i$ は $-12 \times (-1)$、つまり12で置き換えられる。こうして上の掛け算の答えとして次の複素数が得られる。

$$12 - 6i + 24i + 12 = 24 + 18i$$

注目すべきことに、この数領域では i の自乗は -1 となる。したがって $z^2 = -1$ という方程式は、今や——中学校で習う数の範囲とは異なり——りっぱに解を持つのだ。

(3)　こうしてすべての方程式、一次方程式、二次方程式、三次方程式などは必ず解をもつことになる。

これは、いかに次数の高い複雑な方程式であっても、その方程式を正確に満たすような複素数がかならず存在するということを意味している。たとえば $z^{10}-4z^3+9.2z-\pi=0$ が成り立つような z は、$z=x+yi$ の形で必ず存在する。この事実はじつに重大な意味を持っている。たとえばエンジニアがある回路や巨大レーダーアンテナの振動特性を研究するとき、こうした方程式の複素数解は、そのシステムが一方的に拡散していくか、それとも安定性を保つかを明らかにしてくれる。

方程式がどのような場合にも解をもてるということが、複素数が重要視される一般的根拠だ。そのことは約二〇〇年前にすでに推測されていたが、最初にそれを疑問の余地なく厳密に証明したのは、かの有名なカール・フリードリヒ・ガウスだった。

II

不思議な数——ゼロと素数

第12話 不当に低く見られている数——ゼロ

数というのは抽象的なものだ。五個のナシからなる集合と、五個のリンゴからなる集合は、ある一つの性質を共有している。そしてこの性質は他のある種の集合——すなわち五つの要素からなる集合——にも見出すことができる。こうして「5」という概念が生じる。そしてこの概念に一つのシンボル表現を与えておくのは便利だということが分かってくる。これはすべての文化に見られることで、こうした単純な数ならば小学校へ行く前の子どもでも扱える。

しかし、ゼロはどうだろうか。ときには要素が一つもない集合が存在するというのは、とくに驚くべきことではない。しかし、それに対しても独自のシンボルを充てるべきだという認識が定着するまでには、じつに何百年もの時を要した。たとえばローマ数字にはゼロがない。この体系は計算にはひどく不向きだ。やはりゼロと位取り記数法［位取りを用いた数の表記法。われわれが通常用いている十進法もその一つ］の助けを借りて、はじめて大きな数でも見通しよく表記でき、簡便に計算できるようにもなる。1から10までの数字を覚え、一桁の整数同士の足し算と九九さえマスターすれば、すべての計算が——非常に大きな整数の計算も含めて——なんの問題もなく実行できる。その際にゼロという数は重要な役割を果たす。たとえば702という整数表現では、十の位が存在しないことを表現するためにゼロが使われている。そしてある整数の右端にたくさんゼロがついていけばいくほど、もとの整数が大きくなっていく。1000という数字の1は、10という数字の1よりずっと多くのものを表現している。

インド人の位取り記数法においては、ゼロはもともと一つの特殊記号による印にすぎなかった。それは、その位に書き込みがないことを示すためのものだった(そうしたほうが、単に空欄にしておくよりは間違いをおこしにくい)。ロバート・カプランは、一読の価値ある名著『ゼロの博物誌』(河出書房新社、二〇〇二年)の中で次のように書いている。「コンマがアルファベットではないように、ゼロもまた数ではなかった」。一六世紀初めになってはじめてゼロは「正式な」数とみなされるようになった。

しかし数学者にとっては、ゼロの意味は数表記の役割に尽きるものではない。その背後にはもっと多くのものがひそんでいる。ゼロは一番重要な数の一つなのだ。その理由は、ゼロを加えても結果が変わらないという、ゼロの無垢な性質にある。これを、ゼロは加法に関する「単位元」だという。また整数の分野では、ゼロはいわば中心点をなしていて、正の整数と負の整数の中間点に位置する。

しかしゼロが完全に定着したかといえば、いまだにそうはいえない。遅くとも二一〇〇年には、大晦日のずっと前に、いったい二二世紀はいつ始まるのかという議論がむしかえされるだろう。時の計算を0から始めるべきか1から始めるべきかについて皆が合意できるかどうかがポイントだ。

どうやって大きな未知数を見つけるか

ゼロの性質がどのように計算に利用されているのかを、ここでは加法と関係した簡単な問題を例にとって説明してみよう。ただしそのさい整数の範囲は踏み越えないことにしよう。整数とはつまり

$$\ldots, -2, -1, 0, 1, 2, 3, \ldots$$

といった数だ。まず第一歩として――すでに述べたように――ゼロを加えても結果は変わらないということはすぐ分かる。どんな整数yに対してもつねに$y + 0 = y$が成り立つ。次に第二歩目は、いつでもゼロに戻れるということが確認できる。つまり、どのような整数yに対しても、$y + w = 0$となるようなwを見つけることができるということだ。たとえば$y = 5$が与えられていれば、$w = -5$とすればよいし、$y = -13$ならば$w = 13$が適切な選択となる。通常はこうした数wを$-y$と書き、wを「yの反数(加法)」

と呼んでいる(ついでにいえばこれが「マイナス掛けるマイナスはプラス」というルールの背景になっている)。

これで方程式を解く準備は万端だ。たとえば以下の式を満たす x を探しているとしよう。

$$x + 13 = 4299$$

未知数 x は次のように求めることができる。まず両辺にそれぞれ -13、すなわち13の反数を加える。これによって最初の式は次のようになる。

$$(x + 13) + (-13) = 4299 + (-13)$$

まず左辺は加法の結合法則$[(a + b) + c = a + (b + c)]$によって $x + (13 + (-13))$ と変形できる。そして $13 + (-13)$ は0と置ける(もともとそうなるような数が加法に関する反数とされているのだから)。そして $x + 0$ の代わりに——0は加法に関する単位元だから——単に x と書くことができる。要約すると $x = 4299 + (-13)$ となり、これは普通 $4299 - 13$ と書く。その結果は小学校の算数でも簡単に求めることができる。x はこうして4286であることが分かる。

こんなふうに書くといくぶん面倒に思える。もちろん数学者でも $x + 13 = 4299$ という問題を見れば、ただちに両辺から13を引いてしまう。しかし方程式を解く際に、正確にいうとどこでゼロの性質が使われているのかということは、一度は明らかにしておくべきことだろう。

第13話　目もくらむ巨大素数

一番シンプルな数といえば、まちがいなくいわゆる自然数、つまりみんなが数を数えるときに使う1、2、3、…という数だろう。ところが自然数には、いくつか特殊な数がかくれている。それは、自分より小さな数同士の積としては表せない数、たとえば2、3、5といった数だ。あるいは101や1234271なども その仲間だ。こうした数は**素数**と呼ばれている。素数は数学が始まった最初のころから人々をとりこにしてきた。

いったいどれくらい大きな素数がありうるのだろうか。じつは二〇〇〇年以上も前、ギリシアのユークリッドがすでに、素数はいくらでも存在しうること、だから素数の大きさに限度はありえないことを、有名な証明によって明らかにした。そのアイデアはこうだ。ユークリッドは一種の素数生成マシーンを考案する。そのマシーンに、われわれはなにか素数を入力することができる。するとそのマシーンが、これまで入力されたどの素数とも異なる素数を生成してくれるのだ。だから素数が有限個しかないなどということはありえない。

この結果からひきだされる帰結は驚くべきもので、いささか目のくらむ人もいるだろう。ユークリッドの結論からすれば、たとえばこれまで人類が生産した印刷用インキをすべて投じてもなお印字できないほど巨大な素数が存在するということが保証されているわけだ。だから、そんな化け物を具体的に目にすることなどけっしてできないだろう。目下のところじっさいに確定されている一番大きな素数は四〇〇万桁、それも発見されたのはほんの一年前のことにすぎない(これがどのくらい大きな数かを想像できるように付け加えると、この記録保持者である素数を一冊の本に書き連ねていくと八〇〇ページもの大型本ができあがる)[この記録はその後さらに書き換えられた。二〇一八年一月の新記録は二三二四万九四二五桁]。巨大素数はまた暗号理論にとっても興味深いものだ。もっとも暗号ならば、数百桁の「ちびっこ素数」があれば十分なのだが。

素数生成マシーン

そこで次に、ユークリッドの「素数生成マシーン」がどんなふうに機能するのかをみておこう。まず n 個の素数が与えられているとして、それを今、$p_1, p_2, \cdots, p_n$ としよう。これが少し抽象的すぎると感じられる読者には、7、11、13、29という四つの素数を考えていただこう。つまりあなたにとっては $n = 4$ で、$p_1 = 7,\ p_2 = 11,\ p_3 = 13,\ p_4 = 29$ というわけだ。

さてそこで、これらの素数をすべて掛け合わせて、それに1を加える。その答えを m とすれば

$$m = p_1 \times p_2 \times \cdots \times p_n + 1$$

となる。先の具体例では、$m = 7 \times 11 \times 13 \times 29 + 1 = 29030$ というわけだ。さて2以上の整数ならば、その因数[その数を割ることができる数]の中に少なくとも一つの素数[素因数]が含まれている。今 m の素因数の一つを p としよう。注目すべきことに、この p は $p_1, p_2, \cdots, p_n$ のいずれとも異なっていなければならない。なぜといって、もしどれかと同じであれば、その数で先の式の両辺を割ると、左辺は割り切れるのに、右辺は1余ってしまうからだ(上の具体例なら、たとえば $p = 5$ としてみればいい。5は29030の素因数で、じっさい7、11、13、29のいずれとも異なっている)。

要約。任意の素数 $p_1, p_2, \cdots, p_n$ が与えられたとき、その「入力データ」の中には含まれていなかった新たな素数が出力として取り出せる。ということはもちろん、素数の総数が有限個ではあり得ないということだ。なぜといって、このマシーンを使えばいくらでも新たな素数候補を作り出すことができるからだ。

図1には、出力された数字 $p_1 \times p_2 \times \cdots \times p_n + 1$ の素因数がすべて列挙されている。

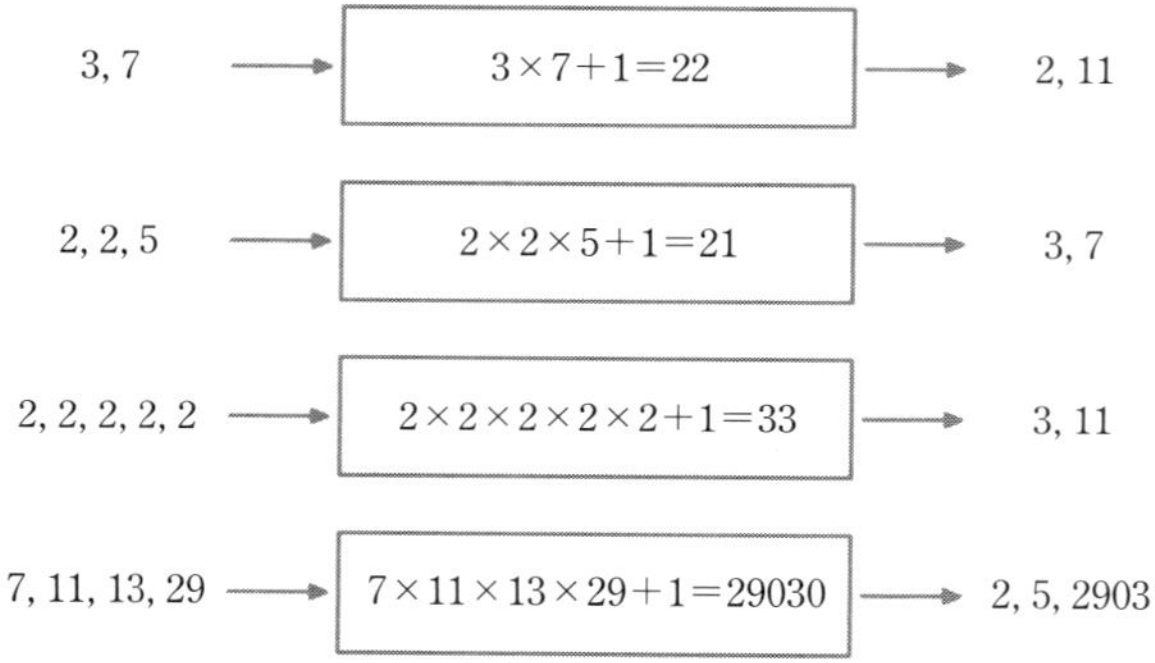

図1　ユークリッドの素数生成マシーン

とくに2番目と3番目の例に注目していただきたい。入力側の素数は、かならずしもすべて異なる数でなくてもよいことが分かるだろう。

ところでユークリッドのマシーンはすべての素数を生成できるだろうか。もしできるとすれば、次のようなことになるはずだ。たとえばわれわれが2という素数しか知らないとしよう。そこでわれわれはマシーンに2を入力し、3という素数を生成させる。それだけですでにマシーンに食わせるエサは2と3に増える。次にその二つの素数はわれわれに7を提供する。そうなれば今度は2と3と7を使って作業ができる。つまりこれらの素数はすべて入力データになりうるというわけだ。しかもそのさい、必ずしも三つ全部の数を使う必要はなく、またある数を何度使ってもかまわない。こういう作業を続けていけば、どんな素数であっても、いつかはユークリッドのマシーンで生成されるのだろうか。

その答えは「イエス」だ。それはなぜか。いかなる素数 p からでも $p-1$ という数は作りうる。ところがこの $p-1$ という数は、かならず素因数の積 $p_1 \times p_2 \times \cdots \times p_n$ として表すことができる(ただし $p_1, p_2, \cdots, p_n$ はすべて異なる数である必要はない)。だとすれば、この $p_1, p_2, \cdots, p_n$ を例のマシーンに入力してやれば、出力として素数 p が生成されるはずだ。なぜなら $p_1 \times p_2 \times \cdots \times p_n + 1 = p$ なのだから。この論証は、「整数 n より小さいすべての素数は、ユークリッドのマシーンで出力できる」という命題を、数学的帰納法を用いて厳密に証明するときに利用できる。

第14話　一〇〇万ドルの賞金——素数はどのように分布しているのか

再度、素数をとりあげよう。素数が最初に研究されたのは二〇〇〇年をはるかに超える昔。しかしそれ以来、その魅力が失せることはけっしてなかった(念のためにもう一度確認しておくと、素数とは、それ自身よりも小さな数同士の積としては表現できないような自然数。したがって7と19は素数だが、20は素数ではない)。カール・フリードリヒ・ガウス(一七七七—一八五五)——まちがいなく、かつて存在したあらゆる数学者の中で最も重要な人物の一人——もまた素数の魅力にとりつかれた。ガウスは、全自然数の集合の中に、素数がどのように分布しているのかを知りたいと考えた。数直線の「はるかかなたに」、いったいどれほどの数の素数が存在するのか、はたして答えられるだろうか。

明らかなのは、次の二つの事実だ。第一は、素数が完全に不規則に出現するということ。たとえば1から100までの自然数を書いて、素数に順に×をつけていくと、まったく偶然的な絵模様が浮かび上がる。第二は、大きな自然数は潜在的な約数候補を多くもっているため、小さな自然数に比べると素数になるチャンスが小さいということ。

ガウスは実践的な手法でこれに挑んだ。彼は、私たちが今日「実験数学」と呼んでいる(そしてこれには当然コンピュータが投入される)ものを実行した。ガウスは具体的な計算結果にもとづいて、今日私たちが素数定理と呼んでいる予想を立てた。これによれば、ある値より小さい自然数全体の中に、どれくらいの割合で素数が含まれているかということが、相当に近い近似値で計算できる。すなわち、k桁未満の自然数中に占める素数の割合はかなり正確に$0.43/k$に一致するのだ(もう少し正確な計算式については以下に述べる)。たとえば一〇〇〇未満の整数――すなわち$k=3$――の場合には、その割合は$0.43/3$、つまり約0.143となる。これは一四・三%に当たる。これが一〇〇万未満となると、素数の割合は$0.43/6$、つまり七・二%にすぎなくなる。

ガウスの予想が数学的事実であると判明したときには、彼自身はもうとっくの昔に世を去っていた。一九世紀の末になって二人の数学者ジャック・アダマールとドゥ・ラ・ヴァレー・プーサンがそれぞれ独立に、その厳密な証明をなしとげた。

しかし、奮闘はまだまだ続く。今では、ガウスが提案していたものよりもはるかに精密な素数分布の記述方式が発見されている。この問題圏の一角を占める問題(リーマン予想)の解決に対しては、西暦二〇〇〇年以来、一〇〇万ドルの賞金が懸けられている。

素数定理

素数が増加する様子を視覚化するために、隣接する素数を線分で結んだ図を次ページに示そう(図1)。ただし、下からk番目の素数は、縦軸のkという高さに描かれている。たとえば四番目の線分(点線で描かれている)の起点は、下から四番目の素数、つまり7を表している。そこでこの線分はx軸の7を起点にして、五番目の素数である11のところまで延びているというわけだ。

さてその時、素数定理が主張していることは、xの値が大きい時、こうして描かれるグラフの高さ[ある値以下の自然数の中に占める素数の個数]が、かなり正確に$x/\log x$によって近似されるということだ。ここから、先に挙げた概算がみちびかれる。

これがかなりよい近似値であることを示すために、いくつか例を見てみよう。たとえば$x = 100{,}000{,}000$とすると、xより小さい自然数の中には五七六万一四五五個の素数がある。この数と、$x/\log x$を用いて予測した数との差異は三三万二七七四で、これは約六%の誤差にあたる。また$x = 10{,}000{,}000{,}000$の時には、それ未満の素数の総数は四億五五〇五万二五一一だ。素数定理による予測は、この数よりも約二〇〇〇万個少ない。二〇〇〇万といえば相当な数だが、それでも誤差は四%を少し超える程度でしかない。

以上の近似値が「かなり正確」だというのが何を意味しているのかを詳しく分析してみると、さらに複雑で完成度の高い形で表現すれば、近似はさらに正確になることが判

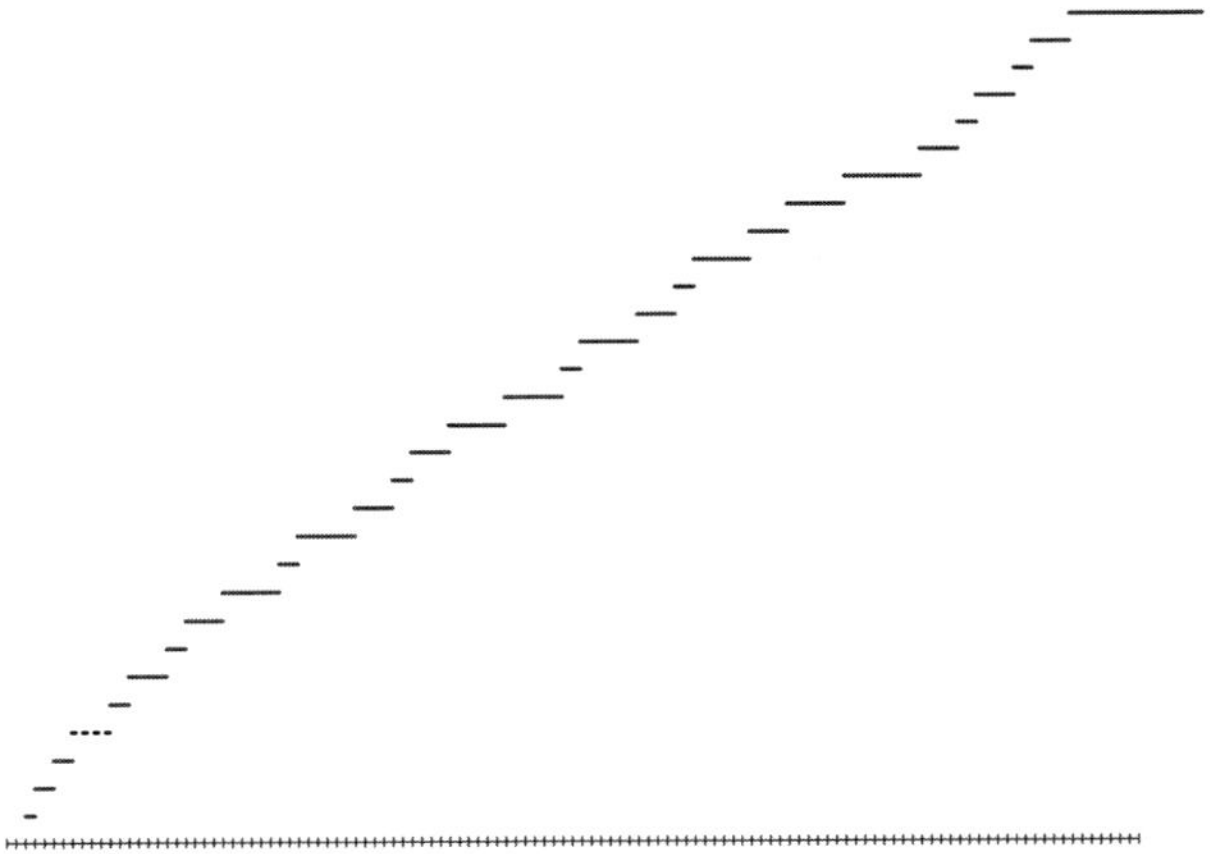

図 1　素数分布

こうして描かれるグラフの高さは，$x/\log x$ によって近似される．この数式を理解するには，ある数 x の自然対数 $\log x$ とは何かということを知らなくてはならない．x の自然対数とは，$2.7182\cdots^{y} = x$ となるような y の値をいう．少し簡略化すると，k 桁の数の自然対数は(きわめておおざっぱには)$k/0.43$ で近似することができると覚えておけばいいだろう(たとえば 1000 の自然対数は 6.908…．このとき $3/0.43 = 6.977\cdots$ となる)．

明する。現在知られている最良の公式を使えば、素数の総数はおどろくほど正確に記述することができる。

たとえばその公式による予想値は、x = 100,000,000 の時、実際の数との違いは七五四にすぎず(誤差〇・〇一%)、x = 10,000,000,000 では、誤差は三一〇四(誤差〇・〇〇一%未満)にすぎない。

もっとも、こうした誤差評価に一般性があること——それを疑っている人は誰もいないのだが——を証明するためには、その前に、いまだに解決されていない「リーマン予想」とよばれる問題を解く必要がある。この問題の解決には、すでに述べたようにクレイ財団から一〇〇万ドルの賞金が懸けられている(詳細は www.claymath.org)。

第15話　独学で天才に ── インドの数学者ラマヌジャン

数学の真理にまっしぐらに通じる近道というのはあるのだろうか。緻密に練りあげられた解法を何年もかけて身につけたり、複雑な証明などに苦しめられたりすることなく、私たちをいきなり「認識」へと導いてくれるような道が。例外的にはそのようなこともありうるようだ。なかでも、間違いなくもっとも有名な例は、インドの数学者シュリニヴァーサ・ラマヌジャン(一八八七―一九二〇)だ。ここではそのドラマチックな人生を簡単に紹介しよう。

ラマヌジャンが育ったのは貧しい南部インド。数学の基礎は、偶然に手に入れた公式集を丹念に研究することによって独学で身につけた。他人の助けを借りることなく、彼は整数論の分野できわめて注目すべき結果を発見した。その一部は、ヨーロッパの専門家たちの間ですでに知られていたが、大部分は新しい発見だった。彼は大学を出ていなかったため、彼の能力にふさわしい職に就くことができなかった。それでもなんとか生き延びる道を見つけ、――肉体と精神をすりへらしながら――一分一秒を惜しんで数学的認識の探求に没頭した。

彼がかの有名なケンブリッジ大学にやってきたのは、ひとえに幸運なめぐりあわせによるものだった。それに先だってラマヌジャンは何人かのヨーロッパの数学者たちに手紙を送り、コンタクトを求めた。そして、その中のわずか一人だけが、多くの公式で埋め尽くされたページの背後に、いかに深い真理が隠されているかを見抜いた。その後の数年間、彼はケンブリッジで一流の専門家たちと、きわめて生産的な共同研究を行なった。しかし無理がたたり、異国の生活に合わせるための苦労もあって病気になり、インドに帰国後、間もなく世を去った。

彼がどのようにして真理に直接通じる道を発見できたのかは、これからもずっと謎のままだろう。しかし彼の運命は、別の理由からも特筆に値する。たとえば私たちの脳裏をよぎるのは、故国の教育制度のせいで成長が偶然の手に委ねられ、そこでたまたま不運に見舞われたというだけの理由で、どれほど多くのラマヌジャンたちがこの世界で発見されないままに終わっているかということだ。

今ならラマヌジャンにもっとチャンスがあっただろうか

イギリスの数学者G・H・ハーディ(一八七七—一九四七)は、インドから送られてきたひどく雑然とした手紙を読んで、この手紙の主が一人の天才に違いないことを見抜いた。

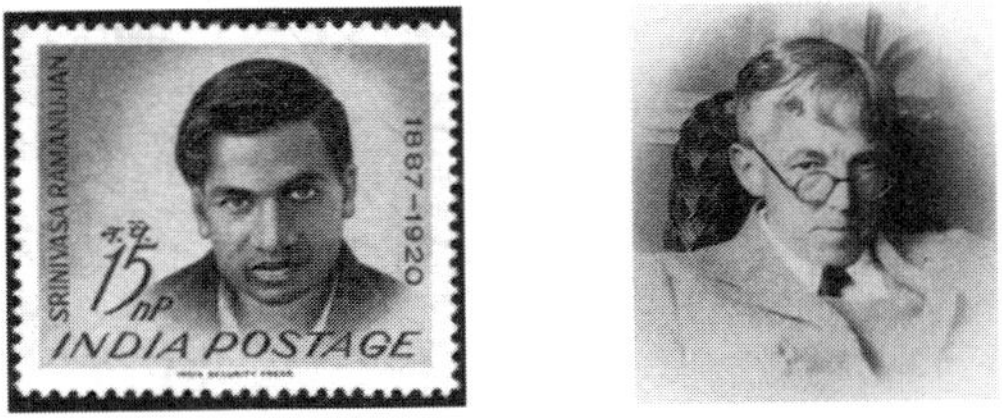

図1　ラマヌジャン(左)とG. H. ハーディ(右)

これは数学史にとってのひとつの幸運だった。他の大家たちもラマヌジャンからの手紙は受け取っていたが、おそらくそれを正確に解読しようとはしなかったのだろう。

同じことは、現在でも十分に起こりうる。というのも大学に勤める数学者たちのもとには、画期的な新発見をしたと称する手紙やメールがかなり頻繁に届くからだ。ただし、ほとんどはちょっと見ただけで間違いであるか、あるいはずっと前から知られているものであることが判明する。とくに好まれる話題はフェルマーの最終定理の新しい「証明」、円積問題[与えられた円と同じ面積を持つ正方形の作図問題]、そしてゴールドバッハ予想[4以上の任意の偶数は二つの素数の和で表すことができるという予想]だ。いつでも、本当にいつでも、そうした議論には基本的な誤りが含まれている。もっともそれは巧みに隠れていることがあり、その証明が厳密さを欠くものであることを著者に納得させるにはつねに多大な労力を要する。そして何も答えないでいると、「貴殿が、かくも重要なこの考察の意味を認識できないとは、貴殿および貴殿の大学の貧困の証明である」などと罵倒されるはめになる。だから多くの研究者組織——たとえばアカデミー・フランセーズなど——は、こうした手紙を原則として無視することになっている。

しかし、フェルマーの最終定理／円積問題／ゴールドバッハ予想までいかないレベルのところでは、時にきわめて面白いアイデアが数学の非専門家たちの世界から寄せられることが現実にある。ここ数十年は、世界のラマヌジャンたちが名乗りを上げることはなかったが、体系的な教育を受けていなくても、いかに独創的なアイデアが生まれうるかについては、くりかえし驚かされる。

◎ラマヌジャンの言葉より——

「一つの方程式は、それが神の考えを表現したものでなければ、私には何の価値もない」

第16話　すべての偶数は二つの素数の和で表せるか？

素数については本書ですでに何度も話題になった。すなわち2、3、5、7、11、…など、それ自身と1以外には約数を持たない数のことだ。素数はこのように簡単に定義できるにもかかわらず、その周辺にはじつに多くの難問が潜んでいる。そのうちの一つは何百年も前から未解決のままになっている。それがいわゆるゴールドバッハ予想といわれるものだ。

クリスティアン・ゴールドバッハ(一六九〇―一七六四)は数学に興味を持つ外交官だった。彼はこの問題を一七四二年に著名な数学者オイラーに書き送った。ゴールドバッハ予想は、簡単にいえば素数の加法的な特性についての問題だ。4より大きいすべての偶数は二つの素数の和で表しうるという予想が、はたして正しいか、間違っているか。ためしに偶数30を取り上げてみよう。30は7＋23と書くことができる。ここで7と23はそれぞれ素数だ。さらに他の可能性もあって、たとえば30＝11＋19とも書ける。およそ今日まで研究されてきた偶数は、すべて二つの素数に分解することができ、しかも大きな数になるとつねに可能性は山ほどある。

こうした圧倒的な実証的検証結果がでているがゆえに、それが常に成立するという論理的証明が今日にいたるまでできていないということは、一般に数学者の間ではスキャンダルと思われている。たしかに、こうした証明が数学の応用分野に直接役立つことはほとんどないだろう。しかし数学者が、応用に役立つ操作の発展にだけエネルギーを費やしているわけではないことは、本書の読者にはもうお分かりだろう。数や形式や確率の世界で一般法則を発見することもまた数学者にとってはじつに魅惑的なことなのだ。

また、ある問題が長い間未解決のままになっており、歴史上もっとも頭のよい人たちがその問題を前に虚しく切歯扼腕したということは、その問題への数学者の興味をさらにかきたてる。加えて、問題を解くことでちょっとしたご褒美にあずかれる可能性があることも、少しはモチベーションを高めているかもしれない。というのも、少し前からこうした難問には賞金が懸けられるようになったからだ。

ゴールドバッハ予想は重要か?

ゴールドバッハ予想の重要性については、数学者の間でも賛否両論がある。数百年にわたって多くの人がその証明に挑戦し、成し遂げられなかったという理由は、もちろん刺激的だ。それが解けた暁には、たとえば最初にエヴェレストの頂上に立った登山家や、一〇〇メートル走で最初に一〇秒を切ったランナーにも似た感情と幸福感が湧き上がってくるに違いない。

しかし、この予想がもつ意義ということになると、疑念を呈するむきもある。素数とはもともと「乗法的」な性質、つまり自分より小さな約数同士の積としては書き表せないという性質によって定義されたものだ。このことを思い出してみれば、先のような疑念が生じる理由も分かる。素数についての一番重要な成果は、1より大きいあらゆる自然数が素数または素数の積で表せるということであり、そこでもまた乗法が基本になっている。しかもそのさい、因数となる素数は一意的に決定される。ところがゴールドバッハ予想では素数の和を問題にする。そんなものがどうして面白いはずがあろうか、と批判する側の人々はいうのだ。

「実験的」検証

図1のグラフには、x軸に偶数$z = 2, 4, 6, \cdots$が、そしてそれぞれのzの値に対応して一つの点が書き込まれている。この点の高さから、それぞれのzが何通りの仕方で素数の和として表現できるかが読み取れる。たとえば一例として$z = 14$のところの点は白丸になっている。その高さは2だ。なぜなら14は二種類の仕方($14 = 3 + 11 = 7 + 7$)で、素数の和として表現できるからだ。

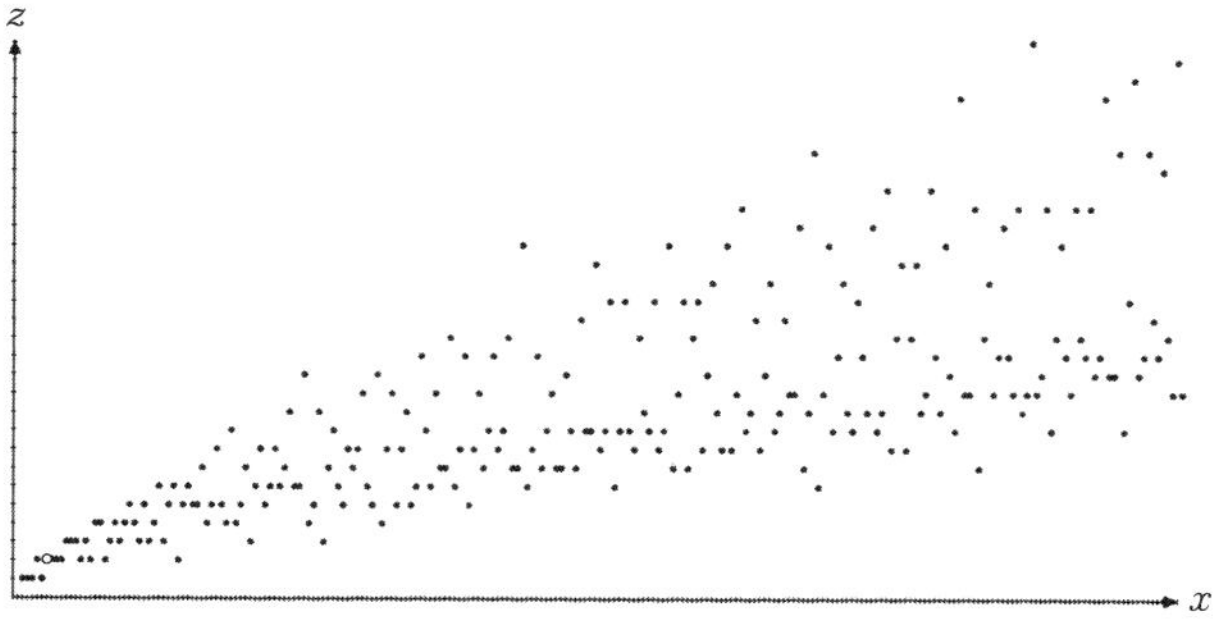

図１　ゴールドバッハ予想――最初の240偶数

ゴールドバッハ予想が告げていることは、各点が決してx軸上にはこないこと、すなわちどのzについても高さは0にならないということだ。それどころか、このグラフを見るともっと多くのことが予想できる。たしかにこの模様はいくぶん無秩序に見えるが、しかし、素数の和として表現する仕方が「少ない」数z――つまり雲状の点の中で、下のほうに位置する点――をつないでいくと、なんとなく「右上がり」になっているように見える。言い換えれば、偶数は単に二つの素数の和として表せるだけではなく、その表し方の可能性の総数は、zが大きな数になるにつれ次第に大きくなっていくようにさえ思われる。

ゴールドバッハ予想の「証明」

繰り返し繰り返し、専門家以外の人々もゴールドバッハ予想に挑戦してきた。数週間前のこと、ある数学研究所に一通の手紙が届いた。そこには次のような「証明」が記されていた。

（その1）素数は無限に多く存在する。

（その2）したがって二つの素数の和を作れば、無限に多くの数ができあがる。これによってゴールドバッハ予想が証明される。

残念ながら、これは完全な証明にはならない。たしかに一つの数が二つの素数の和になる事態は無限に多くありうるという観察は正しい。またこれ以上うまく、そのことを証明することはできないだろう。しかしだからといって、そのことがあらゆる数についいて成り立つというところには、まだ遠く及ばない。おそらくこの手紙の書き手はこう議論をしたつもりだったろう。ある無限集合の中で無限に多くの要素に印をつければ、それはすべての要素に印をつけたことになるはずだと。事実、有限集合が相手ならば、こうした推論は正しい。五つの封筒を持っている人が、切手を五回貼れば、すべての封筒に切手を貼ったと確信することができる。しかし無限の世界では別の法則が通用している。だからこそゴールドバッハ予想はいまだに証明を（そしてその証明に懸けられた懸賞金は受賞者を）待ち続けているわけだ。

第17話 巨大素数の探索は一七世紀、一人の僧侶によって開始された

あなたのコンピュータは、ときに退屈していないだろうか？　そして、あなたの名前を不朽のものとして数学史に残す手助けをしたいと思っていないだろうか。もしそうならば一度ネットサーフィンでインターネットサイト www.mersenne.org を開いていただきたい。そこには巨大素数を探索する目的で、一つのコンピュータネットワークが形成されている。

思い出しておこう。素数とは、自分自身と1以外に約数をもたない1より大きい自然数のことだ。3、11、31などがそれにあたる。素数の数には限りがないことがすでに知られており、したがっていくらでも大きな素数が存在するはずだ。しかしだからといって、その巨大素数を具体的に挙げられるかどうかは別問題だ。この問題にはさまざまな側面からアプローチがなされており、理論的考察と大掛かりなコンピュータの投入の組合せが、もっとも成功率の高い方法であることが分かってきた。

素朴に考えると、ある数が素数の性質をもっているかどうかなど、簡単に調べられる

ように思えるかもしれない。なぜといって、その数より小さいすべての数の中に約数が含まれているかどうかを調べればいいだけだからだ。しかし、残念ながらこれは桁数の小さい数の時しか通用しないやり方だ。桁数が大きくなると、計算に要する時間は、すぐに宇宙の年齢のレベルにまで達してしまう。

　そこで、巨大素数の最高記録を目指すには、きわめて特殊な候補者に的を絞って探索が行なわれる。それは2の累乗から1を引いて得られる数だ。たとえば31や63といった数はこうした方法で得られる。つまり$2 \times 2 \times 2 \times 2 \times 2 - 1 = 31$、$2 \times 2 \times 2 \times 2 \times 2 \times 2 - 1 = 63$などだ。この方法で、最初の例のように素数が得られる時、この素数をメルセンヌ素数と呼んでいる。これは諸科学の発展に大きな貢献のあった僧侶メルセンヌ(一五八八—一六四八)にちなんで名づけられたものだ。

図1　メルセンヌ

　メルセンヌ素数については、桁数が巨大になってもある程度可能な時間内で行なえるテスト方法が存在する。信じがたいほどの巨大数に対して、たった一度だけ、約数調べのテストを行なえばよい。一番いいのは、何台かの計算機で仕事を分担する方法で、その詳細はメルセンヌ・ネットワーク上で組織化されている。

　こうした方法で繰り返し新記録が樹立されてきた。二〇〇四年の時点での素数チャンピオンは二〇〇三年一一月に発見された六〇〇万桁を超える数だった。マイケル・シェーファーという人物が幸運にも、自分のコンピュータ上で検証結果がＯＫであることを確認した。これによって彼は四〇番目のメルセンヌ素数の発見者として多くの専門数学者よりも有名になった。

巨大素数記録

巨大素数の記録はすぐに古くなる。コンピュータのネットワークがどんどん強化され、計算方法がますます洗練されることによって計算能力が向上し、次々に巨大素数が発見されていく。だから二〇〇四年にこのコラムで取り上げた記録が、その間に追い越されたとしても驚くには値しない［事実、二〇一八年一二月には五一番目のメルセンヌ素数が発見されている］。この原稿を書いている時点では、次の数が記録保持者だ。

$$2^{25964951}-1$$

この記録は、すでに述べたようにすばやく塗りかえられる可能性がある。これについて正確なことを知りたい読者は先ほど紹介した www.mersenne.org を見ればこれまでの記録が登録されている。

ここで問題にしている数がどれくらい巨大な桁数なのかをイメージするには、2^{10} という数がすでに 1024 になることを考えてみるといい。別の言い方をすれば 2^{10} はおよそ 10^3

に近いということだ。同じように $2^{20} \fallingdotseq 10^6$, $2^{30} \fallingdotseq 10^9$, … となる。一般に 2^n という数は、1のうしろに0が $3 \times (n/10)$ 個ならんだ数に近似的に対応する(もちろんこの分数の値が整数とした場合)。したがって先の $2^{25964951} - 1$ という数は、この計算にしたがえば $3 \times 25964951/10$、つまりおよそ八〇〇万桁の数ということになる。もしこれを印刷したとすると——一行に一〇〇字、各ページ五〇行印刷できるとして一ページあたり五〇〇〇字、つまり $8\,000\,000 \div 5000 = 8000 \div 5 = 1600$ ページとなる。これはかなり大部の本になるだろう。

素数判定テスト

巨大な整数 n について、それが素数であるかどうかをすばやく判定するにはどうしたらいいだろうか。たとえば 2403200604587 は素数だろうか。

いちばん素朴な方法は、n 以下のすべての整数 m について、m が n の約数になっているかどうかを調べていくやり方だ。そのためには(原則的には) n 回の計算をしなければならず、巨大な整数については、あまりにも長い時間がかかってしまう。

そこでひとつの事前考察の助けを借りると、いくぶん手間が省ける。すなわち n が素数でないとすれば、$n = k \times \ell$ と書くことができる。したがって k と ℓ が両方とも n の平方根よりも大きいということはありえない(もし $k > \sqrt{n}$ かつ $\ell > \sqrt{n}$ であれば、k

とℓの積は$k \times \ell > \sqrt{n} \times \sqrt{n} = n$となり矛盾)。したがって1から$\sqrt{n}$までの領域に、$n$の約数がまったく見つからなければ$n$は素数にちがいない。

これで手間は劇的に省ける。一〇〇万台の整数なら一〇〇〇回程度の計算を行なえばすむからだ。ただし、この方法でもnが数百桁ともなると、それほどの助けにはならない。そこまでいくと平方根も相当に大きくなり、しらみつぶしに探し出そうとすれば、数百年の計算時間を投じても目標に到達できないだろう。

というわけで別の道を探さねばならない。新記録発見に適している方法がひとつあるが、ただしそれは$2^k - 1$というタイプの整数にしか通用しない。これはルーカス・レーマー・テストと呼ばれており、次ページのコラムのようなものだ。

今、簡略化のために$M_k = 2^k - 1$としよう。このときM_kが素数となるのはどのような場合だろうか。それはまずkが素数の場合に限られるということは証明できる。ただし逆に、kが素数だからといって必ずしもM_kが素数になるとは限らない(たとえば$M_{11} = 2^{11} - 1 = 2047 = 23 \times 89$)。

そこで今、ある素数kについて、$L_1, L_2, \cdots, L_k$——いわゆるルーカス数——を次のように定義する。$L_1 = 4, L_2 = L_1^2 - 2 = 14, L_3 = L_2^2 - 2 = 194, \cdots$等々。すなわちつねに$L_{\ell+1} = L_\ell^2 - 2$となるようにする。このとき、もし$L_{k-1}$が$M_k$で割り切れる($L_{k-1} \bmod M_k = 0$)なら、$M_k$はかならず素数となる。

例1　$k=5$ としよう．このとき $M_k=2^5-1=31$ となる．この数は素数だから，先のテスト結果は OK と出るはずだ．そこで L_1, L_2, L_3, L_4 を計算し，その最後の数が 31 で割り切れるかどうかを検証してみなければならない．それぞれの数の mod 31 (31 で割った時の余り，第 21 話参照)を計算してみると，その答えは，4, 14, 8, 0 となり，たしかにこの判定は，31 が素数であることを正しく予測している．

例2　今度は $k=11$ として，$M_{11}=2047$ についてテストしてみたい．$L_1, \cdots, L_{10}$ mod 2047 の計算結果は以下のようになる．

4, 14, 194, 788, 701, 119, 1877, 240, 282, 1736

この末尾の数は 0 ではない．したがって M_{11} は素数ではありえない(興味深いことに，だからといって約数そのものが見つかったわけではない．このテストは約数までは教えてくれないのだ)．

これを検証するために、ためしに最初のルーカス数をいくつか計算してみよう。

4, 14, 194, 37634, 1416317954, …

こうしてみると、かなりスピーディに巨大な桁数に近づいていくことが分かるだろう。しかし他方でわれわれに関心があるのは、M_k で割り切れる数がそこにあるかどうかだけだ。したがって L_{k-1} mod M_k を計算すれば十分だ。

第18話

もっとも美しい公式は一八世紀のベルリンで発見された

何年か前、数学者の間でひとつのアンケートが行なわれた。もっとも美しい公式はどれか、というのがその質問だ。選択肢として数学のさまざまな分野からの公式が挙げられたが、最後に勝利したのは、数学者レオンハルト・オイラー(一七〇七―一七八三)の手になる一つの公式だった。その公式はすでに一八世紀に発見されていた。オイラーは当時、ベルリンのフリードリヒ大王に仕える宮廷数学者だった。

この公式を理解するには、数学におけるもっとも重要な数が何であったかを思い出してみなければならない。それはまず0と1だ。なぜといって、これをもとにして他のすべての数を作り上げることができるからだ。第二にこの二つの数の性質は、数について作業するときに欠かすことができないからだ。その理由は、本質的には、0を加えても、1を掛けてもまったく影響がないというところにある。

この二つに加えてまちがいなく必要となるのは円周率 π だ。これは小学校の時にすでに円周の計算のために習っただろう。また増殖過程を記述するには自然対数の底 e という数(＝2.7182…)も欠かせない。指数関数的増加(バクテリア)や、指数関数的減少(放射性物質の崩壊)などは数学的モデル化の基本の一つだが、いずれのケースでもeという数が登場する。最後にもう一つ、何世紀か前から、あらゆる方程式が解けるためには数の領域を複素数にまで広げなければならないということがはっきりしてきた。それは単に難しい数学研究にだけあてはまることではなく、たとえばエレクトロニクスのエンジニアにとっても複素数は必要な道具の一つになっている。

$$0 = 1 + e^{i\pi}$$

さてここで驚くべきことに、なんと0、1、π、e、そしてもっとも重要な複素数iの間に一つの関係があるというのだ。つまり1にeの$i\pi$乗を加えると0が出現する。これが**オイラーの公式**だ。

数学者にとってこの公式が特別な意味を持つのは、この公式が、数学というものの統一性を象徴しているからだ。つまり、もともとはまったく異なる目的のために作りだされたはずの数の間に、簡単に記述できる一つの関連があるということ、これ自体がすでにいささか神秘的に思えるのだ。

もっとも美しい公式——その証明

もっとも美しい公式に登場するほとんどすべての数について、本書ではすでに説明している。πは第2話で、ゼロは第12話で、eは第3話で、iは第11話でそれぞれ取り上げられている。ではオイラーはどのようにしてこの公式に行き着いたのだろうか。

この公式を理解するには、関数についていくつかのことを知っておく必要がある。そこで重要な役割を果たすのは、複雑な表現が時に簡単な和の形で近似できるという現象だ。一例をあげよう。ある数xが「十分に小さな」値の時、$(1+x)$の平方根は$1+x/2$によって近似できる。たとえば$x=0.02$として検証してみよう。$\sqrt{1.02}=1.00995\cdots$、そしてこれは$1+x/2=1.01$にきわめて近い。これをもっと正確にしたいと思えば、さらにx^2の項をこれに加えるとよい。それにx^3の項を加えればもっと正確になる、など。

ここでわれわれの興味を引くのはe^xという指数関数だ。これを近似するもっともよい方法を左ページのコラムに示そう。ここから例のもっとも美しい公式が導かれる。

e^z を近似的に求めるには次のような和を第2項，第3項，さらにはもっと先まで計算することだ．

$$1 + z + \frac{z^2}{2!} + \frac{z^3}{3!} + \cdots$$

（ただし $2! = 1 \times 2,\ 3! = 1 \times 2 \times 3, \cdots$）

誤差はこれによっていくらでも小さくできるので，次のようにも書く．

$$e^z = 1 + z + \frac{z^2}{2!} + \frac{z^3}{3!} + \cdots$$

またサイン関数，コサイン関数についても，これと同じような以下の公式がある．

$$\sin z = z - \frac{z^3}{3!} + \frac{z^5}{5!} - \frac{z^7}{7!} \pm \cdots$$

$$\cos z = 1 - \frac{z^2}{2!} + \frac{z^4}{4!} - \frac{z^6}{6!} \pm \cdots$$

さてここで e^z の公式を用いて，e^{ix} を計算してみよう．ただし i は $i^2 = -1$ となるような想像上の単位だ．

$$\begin{aligned} e^{ix} &= 1 + ix + \frac{(ix)^2}{2!} + \frac{(ix)^3}{3!} + \cdots \\ &= 1 - \frac{x^2}{2!} + \frac{x^4}{4!} \pm \cdots \\ &\quad + i\left(x - \frac{x^3}{3!} + \frac{x^5}{5!} \pm \cdots\right) \\ &= \cos x + i \sin x \end{aligned}$$

あとは $x = \pi$ という特別な値をこの式に代入し，円弧の三角関数の計算ができればいい．そこでは $\cos \pi = -1$, $\sin \pi = 0$. したがって，確かに $e^{i\pi} = -1$ となる．これがまさしくオイラーの公式だ．

第19話 数学のノーベル賞

数学にもノーベル賞はあるの？　こう聞かれたら、数年前まではきっぱり「ノー」と言わざるをえなかっただろう。それに代わるものとして数学者に与えられるのは、四年に一度、国際数学者会議で授与される格式の高いフィールズ賞という賞だ。たしかに受賞者の生活はそれで安泰だろう。この賞が持つ高い名声のゆえに、給料のいいポストがあちこちから提供されるからだ。しかし賞金額自体はどちらかといえばつつましいものだ。地方の中小都市、たとえばヴァンネ＝アイケル市の新人文学賞あたりでも、もう少し賞金額は高いかもしれない。

ところが数年前から状況は一変した。この新しい賞の前史は数百万年前にまでさかのぼる。というのは、その時代にノルウェー沿岸に油田が形成される地質学上の変化があり、それがこの小国（人口は四〇〇万人に過ぎない）を過去数十年の間、非常に豊かな国にしてきたからだ。

それに加えてノルウェーは、一九世紀の最も天才的な数学者の一人、ニールス・ヘンリック・アーベル(一八〇二―一八二九)を生んだ国だ。彼は病と貧困につきまとわれながら短い生涯を終えた。教授ポストへの招聘状(驚くべきことにそれはノルウェーの大学ではなくベルリン大学からだった)が彼のもとに届いたときは、時すでに遅しだった。かりに生前に届いていたとしてもすでに健康状態が悪化して、この招聘を受けられる状態ではなかっただろう。

彼が世を去った後、ようやく母国でも彼がいかに天才的な人間であったかが認識されるようになる。こうして二〇〇三年、遅ればせながら彼の功績をたたえるためにアーベル賞が創設された。この賞は毎年、そのライフワークを通じて数学の発展に顕著な貢献をした数学者に授与される。その賞金額は七〇万ユーロ[一億円弱]という豪華なもので、ノーベル賞に匹敵する。

第一回の賞(二〇〇三)はジャン＝ピエール・セールに、以下、マイケル・アティアとイサドール・シンガー(二〇〇四)、ピーター・ラックス(二〇〇五)、レナルト・カルレソン(二〇〇六)、スリニヴァサ・ヴァラダン(二〇〇七)にそれぞれ贈られた。そしてベルリンも、毎回そこに登場する。というのもノルウェー大使館は非常に寛大にも、毎年中高生を対象に開催されるベルリン「数学コンクール」の優勝チームを授賞式に招いてくれるのだ。

アーベルと5次方程式

アーベルは数学のさまざまな分野で偉大な業績を残した。ここではその一例として方程式の解に関する彼の仕事を紹介しておこう。

[課題]

応用場面で出現する多くの問題は、とどのつまりは解決すべき問題と関係する方程式、たとえば $x^2-2.5x+3=0$ とか、$x^7-1200x^6+3.1x-\pi=0$ といったタイプの方程式を満たすすべての x の値を発見するという課題に還元される(エンジニアたちは日々このことに関わっている。解 x の状態から、彼らはひとつのシステムが安定しているか、それとも障害に対して敏感に反応するかといったことを読み取っている)。ここにあげたような関数(つまり $x^2-2.5x+3$ とか、$x^7-1200x^6+3.1x-\pi$)を多項式とよんでいる。多項式をもっとも一般的な形で書くと次のようになる。

$$a_nx^n+a_{n-1}x^{n-1}+\cdots+a_1x+a_0$$

ただし、n はいずれかの自然数、そして各「係数」すなわち $a_n, a_{n-1}, \cdots, a_1, a_0$ は任意の数とする。x の右肩に書かれているベキ数のうち最大のものをこの多項式の次数とよぶ。右の例で言えば最初が2次、つぎが7次の多項式で、一般的な多項式 a_nx^n+

$a_{n-1}x^{n-1}+\cdots+a_1x+a_0$ では次数は n ということになる。ただしその場合、a_n は 0 でないものとする(この係数が 0 ならそもそも a_nx^n は存在しないのと同じだ)。

解ける問題

あらゆる多項式について $a_nx^n+a_{n-1}x^{n-1}+\cdots+a_1x+a_0=0$ という方程式が解をもつということが本当に証明されたのは、ようやく一九世紀になってからのことだ。数の領域を複素数にまで拡げれば、このことはもっとも複雑なケースについても確実に保証される。しかしだからといって、求める解を表現する簡単な公式が見つかるかどうかは、まったく別問題だ。それが可能なのは、多項式の次数が「きわめて小さい」ときに限られる。ここにはいくつかの解ける例を挙げておこう。

［1次方程式］

これは、a_1 と a_0 が与えられたとき $a_1x+a_0=0$ となるような x を求めるという問題だ。その解法は中学校で習う。求める方程式はこの式を、x を求める形に直せば得られ、答えは $x=-a_0/a_1$ となる。

［2次方程式］

今度の課題は——a_2とa_1とa_0が与えられたとき——次の方程式を満たすすべてのxの値を求めることだ。

$$a_2x^2 + a_1x + a_0 = 0$$

この問題は何世代も前からpとqによる完全平方式を使って求めるよう教えられてきた。この方程式の両辺をa_2で割って$x^2 + px + q = 0$の形に変形すると、この式を満たすx_1、x_2は、以下の式で求められる。

$$x_1 = -\frac{p}{2} + \sqrt{-q + \frac{p^2}{4}}, \quad x_2 = -\frac{p}{2} - \sqrt{-q + \frac{p^2}{4}}$$

［3次方程式］

この場合にも解法を明確に提示できる。その解はイタリアの有名な数学者ジロラモ・カルダーノ（一五〇一—一五七六）がすでに一六世紀に発見したカルダーノの公式を用いて求める。

出発点は、変数変換により次の形に書き直した3次方程式だ。

$$x^3 - ax - b = 0$$

そのとき、一つの解は以下の式で求められる。

$$x = \sqrt[3]{\frac{b}{2} + \sqrt{\left(\frac{b}{2}\right)^2 - \left(\frac{a}{3}\right)^3}} + \sqrt[3]{\frac{b}{2} - \sqrt{\left(\frac{b}{2}\right)^2 - \left(\frac{a}{3}\right)^3}}$$

[4次方程式]

4次方程式についても同様に解決のための完全な表現が存在する。そこでも四則計算だけを用いて――かなり複雑ではあるが――係数から適切な式をつくり、平方根や3乗根を求めていく。この解法はカルダーノの同時代人ルドヴィコ・フェラーリ(一五二二―一五六五)によるものだ。

本来ならば、こんな調子でずっと先まで行けそうなものだ。次数がどんどん上がっても、公式をどんどん複雑にしてさえいけば、方程式の解を完全な形で書くことがどうしてできないはずがあろうか。これについては二〇〇年以上にわたって熱心に研究が続けられた。そしてついにアーベルによって最終的に、この問題に決着がつけられたのだ。

アーベルの不可能性の定理

アーベルは一八二四年(つまり彼が二二歳！ のとき)、以上挙げてきた四つの次数を超えたところでは、一般的な解法は期待できないということを証明した。5次方程式になるとすでに——どんなに複雑な手段をとっても——与えられた係数で解を表現するような公式を見つけることはできないというのだ。

このとき以来、数学者たちは、多くのケースでは求める解の高精度な近似値(ただしその精度は好きなだけ向上させることができる)以上のものは見つけられないということを悟ったのだ。

第20話　書物にはもっと大きな余白を

これまでも何度か指摘してきたように、数学は単に多くの分野で役立つ学問というだけではない。数学は、その実用性が見通せない場合でも、立てられている問いが十分に魅力的であれば、信じがたいほどの知的エネルギーをかきたてることができる。

一つの有名な例がフェルマーの問題の解決だ。約三五〇年前、フランスの有名な数学者ピエール・ド・フェルマー(一六〇一―一六六五)はあるギリシア数学者の古典を翻訳していた。そのかたわら彼はさまざまな考察をめぐらし、なかでもいわゆる高次のピタゴラス数が存在するかどうかという問題に取り組んだ。ピタゴラス数とは$a^2+b^2=c^2$を満たすような三つの自然数a、b、cをいう。そのような数は浜の真砂ほど存在していて、3、4、5は間違いなくもっとも有名な例だろう。$9+16=25$が成立することを確かめるだけでよい。三辺がこうしたピタゴラス数をなす三角形は必然的に直角三角形になり、この事実は、たとえば庭造りで直角を作る時などに絶大な威力を発揮する。

さてフェルマーは、この式の自乗が三乗(あるいはさらに大きな累乗)になったときにも、そのような数が存在するかどうかを自問した。たとえば適切な自然数a、b、cを選べば$a^4+b^4=c^4$が成立するということがありうるだろうか。フェルマーは、それは不可能だろうという確信をもつにいたった。ただ、残念ながら彼はちょうど翻訳していた本の余白に、次のようなそっけない注釈を書きこんだだけだった。私はこのことを証明した。しかしそれを記すには、この余白は小さすぎる、と。

三〇〇年以上にわたって、あまたの数学者がフェルマーの予想を証明するか、あるいは反証例を見つけようと躍起になってきた。それは数学の全歴史の中でももっとも有名な問題の一つであったことは間違いない。この巨大な努力をささえたのは、一面ではスポーツの場合と同じ野心だった。これほど頭のいい人々がよってたかってできなかったことを、もし自分が成し遂げたならば、というわけだ。しかし他面では、この解決のための――長らく成功することのなかった――探求は結果として代数学の理解に多大な進歩をもたらすことにもなった。

近年になってようやくフェルマーの予想が正しかったことが分かった。イギリスの数学者アンドリュー・ワイルズが一九九八年に完全な証明を行なったのだ。ワイルズはこの証明のために、これまでの学者生命のほとんどすべてを投じてきた。はたしてフェルマーが当時すでに彼の予想を根拠づける確固とした論拠を手に入れていたかは、今となっては残念ながら誰にも分からない。しかしワイルズと他の数学者たちによって発展させられてきた方法は、あまりにも複雑で、フェルマーが数百年前にすでにこの発展を跳び越えていたとは、まず考えられない。

無限降下法

フェルマーの問題はまた、ある命題が成り立つことを証明する難しさと、それが成り立たないことを証明する難しさが、いかに違うものでありうるかを示すよい例でもある。ここでは四乗の例をとってそのことを説明しよう。今、a^4+b^4がちょうどc^4になるような自然数a、b、cが存在するということが正しいと仮定しよう。それならコンピュータを投入して、いつかはコンピュータがそれを見つけてくれることに期待することもできる。もっともコンピュータが一年計算し続けても成功しなければ、見通しは厳しい。またそのような特性を満たす整数は、天文学的な桁数をもつものの中にしかないということもありうる。そうなるとコンピュータでもお手上げだ。

しかし、このような自然数は絶対に見つからないのではないかという疑念を抱いた場合にはどうだろう。一〇〇桁の整数であろうが、あるいは印字しようと思えばこれまで生産されてきたすべてのインクを投じなければならないような桁数であろうが、そんなものは永遠に見つからないとすればどうだろう。この場合には、事態は原理的にずっと困難になる。そこで次なる戦略は、2の平方根が無理数であることを証明するあのやり方(第6話)と似た方法だ。もしこれこれが正しいと仮定する、というところからはじめて、最終的に一つの矛盾が導き出されるまで推論をつづけ、それによって最初の仮定が間違いであることを示すのだ。

このアイデアは、四乗の場合のフェルマー予想を証明するときには、比較的簡単に利用できる。数論のいくつかの基礎を理解していれば、証明は一ページで済んでしまう。そこでの決め手は「無限降下法」(la descente infinie)といわれるものだ。それは次のようなアプローチによる証明だ。

もし$a^4+b^4=c^4$をみたす整数a、b、cが存在するならば、同時にcよりも小さい整数fについて$d^4+e^4=f^4$となるようなd、e、fもまた――この等式だけを用いて――見つけることができるということを示す。言い方を変えると、どのような例を見つけたとしても、この等式の右辺より小さい整数でこの等式を満たすものが必ず見つかるということだ。しかしこれはありえない。なぜなら、ある自然数がどんな大きさであっても、それより小さい整数が任意に見つかるなどということは不可能だからだ(たとえば5ならば4、3、2、1しか残らない。100000ならば、候補者はたしかにもっとあるが、それでも有限個にすぎない、など)。

残念ながら無限降下法はごく限られたベキ数のフェルマー予想にしか使えない。ワイルズの証明ははるかに奥の深い方法を用いたもので、すべての細目にわたってその証明を理解したと主張できる人は、じつのところ数学者の中にもほんの一握りしかいない。

第21話 残り物の再利用

あなたに五人の子どもがいて、八一個のグミをみんなに平等に分けると、それぞれの子どもは一六個のグミをもらい、最後に一個のグミが残る。数学者はこんなとき $81 \bmod 5 = 1$ などと書く。一般的には、$m \bmod n$ は m を n で割ったときの余りをいう。この「mod」計算は数学の多くの分野で重要な役割を果たしている。

べつだん数学者でなくても、いろいろなケースでわれわれはこの技術を難なく使いこなすことができる。たとえば今日から数えて三九日後は何曜日かを知りたい場合、私たちは本能的に $39 \bmod 7$ という計算をしている。その答えは4だ。だから三九日後の曜日は、今日から四日後の曜日と同じだ。では今から五〇時間後は、何時だろうか。それには、$50 \bmod 24$ を計算すればよい。すると2という答えがでてくるので、五〇時間後の時計の針は今から二時間後の針と同じところにある。

ここまでならば特にどうということはない。私たちがよく知っている計算方法を単に専門用語を使って表したというにすぎない。しかし、数学者にとっては、その背後にまだまだ多くのことが隠れている。というのも整数の驚くべき性質の多くが mod 技法を使うと一番うまく表現できるからだ。たとえば n を一つの素数、k を1以上 n 未満の整数と仮定しよう。そのとき k に k 自身を掛けるという操作を $(n-1)$ 回繰り返す。次にその値に対する $\mathrm{mod}\, n$ を計算してみると、驚くべきことに、その結果はつねに1となる。たとえばさきのグミの例を借りて、$n=5$（子どもの総数、これは素数）、$k=3$ としてみよう。このとき3に3自身を掛ける操作を $(5-1)$ 回行うと $3\times3\times3\times3=81$ となる。そして $81 \bmod 5 = 1$ という答えはたしかに一般式から得られる結果と一致する。

n が素数のケースでは、この mod 計算の答えがいつも1になるという事実はずっと以前から知られていた。それはフランスの数学者フェルマーによって一七世紀に発見された。それは、現代の暗号理論での応用に重要な役割を果たしている［第45話参照］。ただし、そこで使われるのは数百桁におよぶ整数だ。

$6\times6=1$

今、n で割った時の「剰余」（つまり $0,1,\cdots,n-1$）に含まれる数同士で足し算や掛け算をするさい、（その答え）$\mathrm{mod}\, n$ をもって、その足し算やかけ算の答えと見なすと決める。このように決めれば、剰余からなる整数も、一般の整数と同じように扱うことができる。

たとえば $\mathrm{mod}\ 7$ で計算すると、3×5 は1となる。なぜなら $3 \times 5 \ \mathrm{mod}\ 7 = 1$ となるからだ。同じ理由で $4 + 6 = 3$ となる。なぜなら $(4 + 6)\ \mathrm{mod}\ 7$ を計算するとじっさい3が得られるからだ。

このようにすれば、mod 計算は普通の整数計算と多くの性質を共有するようになる。さらに n が素数ともなれば、その共通性は一段と高まる。n が素数の時には、どの数(ただし0を除く)をとっても、それにいずれかの数を掛けることによって1を得ることができる。たとえば $\mathrm{mod}\ 7$ から得られる剰余の一つである6という整数について考えてみよう。順番に $(1 \times 6), (2 \times 6), (3 \times 6), (4 \times 6), (5 \times 6), (6 \times 6)\ \mathrm{mod}\ 7$ を計算してみると、その計算結果として、それぞれの余りである6、5、4、3、2、1が得られる。したがってここでは、$(6 \times 6)\ \mathrm{mod}\ 7 = 1$ となる(ただし、これは素数以外の整数については成り立たない。たとえば $n = 12$ とすると、$4x \ \mathrm{mod}\ 12 = 1$ となるような x はいくら探しても見つからないだろう。つまり $4x \div 12$ の余りとして出てくる数は、0、4、8の三つに限られるからだ)。

このような代数的性質が豊富につまっているところに、mod 計算が重要である本来の理由がある。たとえば、ここでもまた加法の交換法則が成立する。$a + b$ は $b + a$ と同じ値なので、$\mathrm{mod}\ n$ で得られる余りもまた同じになる。

第22話　三〇歳以上は信用するな

数学では、トップレベルの研究は非常に若い研究者からしか期待できない──こんな意見をしょっちゅう耳にする。これはいったい本当だろうか。

たしかに数学が、何世紀にもわたって若い研究者から重要な刺激を受けてきたのは事実だ。しかも、そうした数学者は、今日の基準にあてはめれば正規の大学教育が終わる年齢よりもはるかに若かった。たとえばエヴァリスト・ガロア(一八一一─一八三二)は弱冠二〇歳で決闘に斃れているが、その少し前に彼は代数学の分野に革命をもたらすような発見をしていた。すなわち、ある方程式が与えられた時、あらゆる既知の操作(加法、乗法、累乗根)を用いてその方程式が解けるかどうかは、どのようにして判定できるかという問題に関する発見だ。あるいはまた、第19話でやや詳しく取り上げたニールス・ヘンリック・アーベルの例もある。このノルウェーの数学者はわずか二六歳で世を去った。名誉あるベルリン大学からの招聘状が彼のもとに届く前に、アーベルは衰弱のため亡くなった。アーベルはノルウェーの数学者としては群を抜いて重要な存在だ。数年前に、遅ればせながら彼の名誉が称えられることになった。すなわち、一〇〇万ユーロに近い賞金を付した数学賞が創設され、それにアーベルの名前が冠されたのだ。このアーベル賞は、数学分野でのノーベル賞にあたるものとして構想された。

こうした例はわれわれの時代にもみられる。少し大きめの会議に出席すると、どこでもきわめて若い発表者がじつに完成度の高い研究で会場をうならせている。プレスティージのもっとも高い数学賞であるフィールズ賞は、こうしたグループの人々に照準をあてたものだ。というのも、フィールズ賞は受賞時に四〇歳を超えていない人しか受賞できないからだ。しかしいったん受賞した暁には、世界中いたるところで、きわめて好条件の教授ポストがその人を待ちうけている。

フィールズ賞の選考委員会は、一九九八年のベルリン世界大会でイギリスの数学者のアンドリュー・ワイルズにこの賞を与えるために、四苦八苦して奥の手をひねり出さねばならなかった。大方の評価によれば、彼こそは二〇世紀最大ともいうべき数学上の業績――フェルマーの最終定理の証明――を完成した人物だった。しかしワイルズはすでに四〇歳を超えていたのだ。

この一例をもってしても、「数学ではスポーツの世界と同様、人生半ばにしてすでにプロとしての盛りが過ぎてしまう」という理論が必ずしも正しくないことがわかるだろう。人生の最後まで創造性を失わなかった有名な数学者もたくさんいる。その中で一番有名な名前といえば一七七七年から一八五五年まで生きたカール・フリードリヒ・ガウスだろう。

だから数学者は、スポーツ選手よりもむしろ音楽の指揮者にたとえたほうがよい。魅力いっぱいの題材に取り組むことが、人生の最晩年にいたるまで脳細胞をじつに生き生きと保つのだ。

Ⅲ

図形を計る・数える

第23話 五次元のケーキ

たとえば本や映画などをけなす表現として、「一次元的」という言葉は日常用語でも時に使われる。その言わんとするところは、話が複雑に錯綜することもなく、最初から終わりまで一本調子で進んでいくということだ。しかし一次元、二次元、あるいは三次元というのは、正確にいうとどういう意味なのだろうか。そもそも「次元」とはいったい何なのか。

いくらか単純化していうと、ある幾何学的対象の次元というのは、一つの点の位置を決定するために、いくつの数を必要とするかということだ。たとえば一つの直線を例に取ろう。今、その直線上に一点Pを固定したとすると、他の点の位置はすべて一つの数で記述することができる。なぜならPから出発して右へどれくらい進んだのかをいえば、それだけで位置が決まるからだ(そのさい、マイナスの数は「左へ進む」と解釈する)。したがって直線は一次元的ということになる。

同じように、地球の表面は二次元的だと説明できる。なぜなら地上のあらゆる場所は、緯度と経度によって決定できるからだ。これが空間になると三つの数字が必要になる。そして空間と同時に時間を決定するとなると、すでに四つの数字を使わなければならない。これがほかならぬ相対性理論の四次元の時空だ。

ところが数学者はこれよりはるかに多くの次元を相手にすることがよくある。ただし、頭の中でそれをイメージしたい時には、その問題の一番重要な側面を再現している二次元、最大で三次元の図を想像する。私たちが二次元の写真から、もとの三次元の空間を想像できるのと同じ原理だ。図がなくても処理できるようなものであれば、すべてはさらに簡単だ。たとえば五次元の空間であれば、それぞれ五つの数字からなる対象の集合として考えればそれでいい。

こう言うと難しく、また抽象的に聞こえるかもしれないが、日常経験の中にも似たようなことはある。たとえばケーキを作るレシピは、各材料のグラム数を列挙することによって定義される。小麦粉、砂糖、バター、卵、ベーキングパウダーのグラム数をそれぞれ200、100、80、20、3と決めれば、最重要事項はそろっている。ただし、これだけで特製ケーキができるわけではもちろんない。現実には、五次元のケーキでは繊細な味は期待できないだろう。

四次元への突入

数学者といえども脳の作りはわれわれと変わりない。だから数学者でも直接思い浮かべられるものは三次元を超えることはない。にもかかわらず数学者は、きわめて多次元の空間の中で、問題なく仕事をすることができる。重要なことは、その問題の中からその時々に興味のある側面をとりだし、それを二次元、最大で三次元の画像に置きかえて表現できるかだ。たとえば距離が問題になっている時には、その画像は対象間の距離関係を正確に再現している必要がある。つまりたがいに等距離にある点は、その画像の中でも互いに等距離になければならない、など。ちなみにこれは、たとえば時刻表を作成する人のやり方とあまり変わりない。彼らは、もっとも重要な側面だけを抜き出して時刻表の草案の中に再現する。そこでは線路の状態の詳細な再現など、誰も期待してはいない。重要なのはひとえに各駅間の所要時間についての情報だけだ。

一例として、数学者がどのように四次元の世界にアプローチするのかを紹介しよう。その前にまず、三次元で一度練習をしておこう。今かりに二次元しかイメージできない生物がいたとして、われわれはどのようにすれば(三次元の)サイコロの表面をその生物に説明できるだろうか。そのために図1のような図を描いてみる。

これはもちろんサイコロの普通の「展開図」だ。二次元生物はこの図の上に載せられ、そして散歩についての指示を受ける。ただしその散歩では次のようなルールを守っても

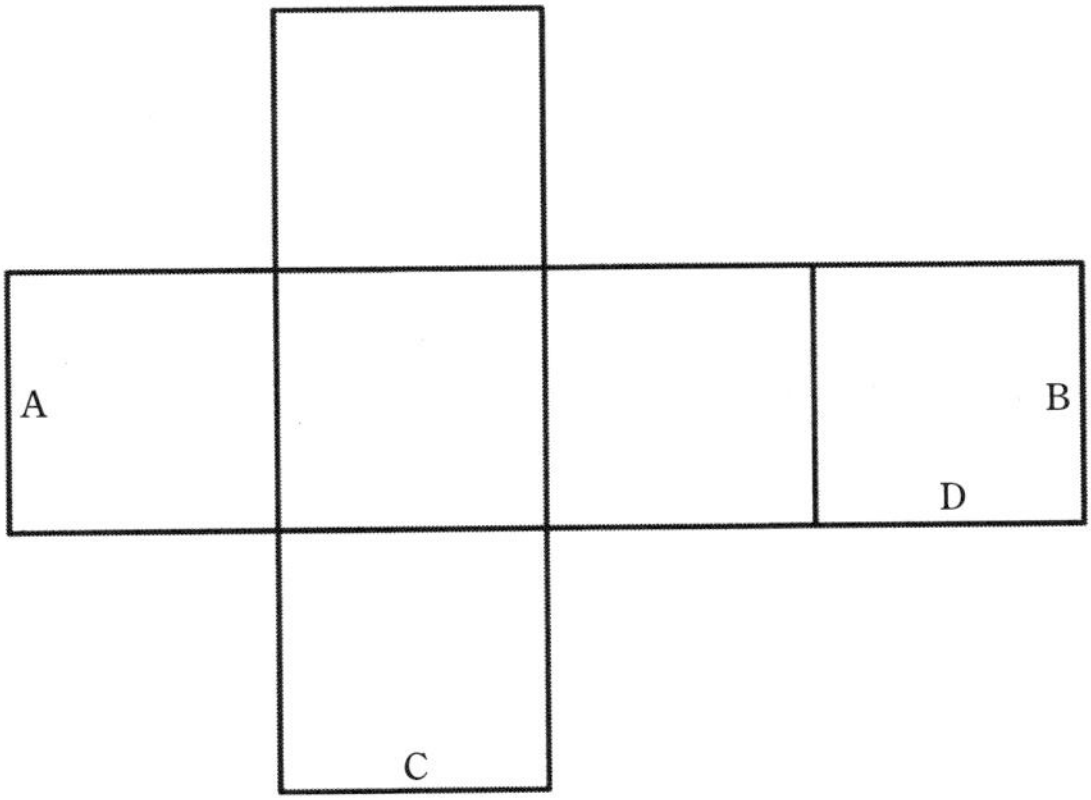

図1　２次元生物はこの上を動く

らう。

•君はこの平面図の中を自由に動き回ってよろしい。ただし、この図を離れることは不可能だ。

•君がどこかで外枠をこえて、外にはい出せるという幻想をもったとしても、実際にはそのとたんに別の場所に入り込んでいる。もっと正確に言うと、Ａの個所をはい出すということは、同時にＢの個所に再び入り込むことを意味し、Ｃの個所をはい出すということは、同時にＤの個所に再び入り込むことを意味する、等々。


われらが二次元生物はこうしてサイコロの表面に慣れていく。この表面はわれわれ自身にとってはまだ少しも理解に苦しむようなものではない。二次元生物はたとえば次のようなことに気づくだろう。この表面には限界というものがない。それはどこまでも果てしなく続いていく。しかしまたこの平面は有限だ。その証拠に、限られた量のペンキで表面全体を塗りつくすことができる、と。さらに経験を積めば、もっと細かなことも心に刻み込んでいくだろう。たとえばどの点をとっても、必ずそこから一番離れている点というものが一つ存在するといったことを。それは三次元で言えば裏側の面に相当する。

こうしたすべてが、より高い次元でも繰り返される。こんどは、われわれ三次元生物が四次元を経験する番だ。少なくともわれわれは、四次元のサイコロの三次元表面についての感覚をとぎすます必要がある。それには、遊園地のジャングルジムのような構造物の中に身を置いてみるとよい。そこに一枚の紙が掲示されている。そこには次のような「よじ登りのルール」が書かれている。

- この構造物の外に出ることはできません。
- あなたが外に出たという幻想をもったとしても、実際には別の場所から再び入り込んでいるのです。たとえば「一番上から出る」ということは「一番下から入る」ということを意味しています。(以下、まだ他にいくつかルールがある。)

実際、このようにして、われわれが直接には思い浮かべることのできない一つの幾何学的構築物の構造を研究することができる。

ちなみに、画家サルヴァドール・ダリは、ある絵の中でこうした「超立方体（ハイパーキューブ）」を描き、後世に残した（「磔刑、超立方体的人体」一九五四年）。超立方体にはりつけにされたキリストは、ひょっとすると、このキリストを通じてのみ、直接には捉えることのできない神性のイメージをわれわれが抱くことができるということを示唆しているのかもしれない。

第24話 天才にどうアプローチするか

並はずれた才能のある人物には、どのようにアプローチすればいいのだろうか。カール・フリードリヒ・ガウス(一七七七―一八五五)は、多くの人から、かつて存在したもっとも重要な数学者とみなされている。ドイツでまだマルクが使われていた時代、ガウスはドイツの文化財と見られていた。一〇マルク紙幣はガウスに捧げられ、彼の業績のいくつかがグラフィック・デザインとして刷られていた。そこにはたとえば、かの有名な正規分布を示す釣り鐘曲線も見える。これは確率計算へのガウスの貢献を讃えるものだ。

今生きている専門家の中で、ガウスという現象を理解したと言い切れる人はほとんどいないだろう。彼の著作は、その後何十年にもわたって規範としての地位をたもった。注目すべきはまた、彼がみずからの発見の多くをまったく自分だけの秘密にしたという事実だ。一つには、それを理解するには同時代人の受容能力が低すぎると彼が思っていたからだが、もう一つには、今日では画期的な進歩とみなされる成果が、彼にはあまり重要なものとは思えなかったという理由もある。

たとえばガウスは——たしかに無理もないことだが——当時の時代は、まだ非ユークリッド幾何学を受け入れられるほどに成熟していないと考えていた。数学者たちは(あるいはまたカントのような哲学者たちも)何千年もの間、幾何学といえばたった一種類の幾何学、つまり二五〇〇年前にすでにユークリッドが記述していた幾何学しか存在しないと思いこんでいた。三角形の内角の和は一八〇度であり、いかなる直線に対しても、それに平行な直線が存在する、等々。しかしガウスは、それは多くの可能な幾何学のうちの一つにすぎないということを認識していた。彼は一八二一年の測量によって、われわれの世界では、少なくとも許容できる誤差の範囲内で確かにユークリッド幾何学が成立していることを検証した。彼が測量した三角形の頂点は、ハルツ山脈のブロッケン、インゼルスベルク、ホーアーハーゲンの各山頂だった。

幾何学の非ユークリッド版が自然の記述に——たとえば一般相対性理論において——欠かせないという認識が一般に広がるのは、これよりずっと後のことだ。

しかし、ガウスを数学者としてだけ見るのは公平ではない。同じように有名なのは、物理学での磁力についての業績、そ

図1　10マルク紙幣

して天文学における業績だ。彼は天体の軌道計算を行なうためにまったく新しい数学的方法を用いた。これによってガウスは小惑星ケレスの位置を予言し、若くして専門家の間にその名をとどろかせた。

ガウスがいかに重要な存在であったかは、私たちが今日でもなおその名前にしばしば接することからも分かる。ごく最近になって、国際数学者連合による最高の賞の一つが創設され、ガウス賞と名付けられた[二〇〇六年の第一回受賞者は日本の伊藤清]。そしてドイツ数学会によるもっともプレスティージの高い催しは、言うまでもなくいろいろな大学の回り持ちで行なわれている「ガウス講義」といわれるものだ。

正一七角形

まだ年端もいかぬ一七歳という若さで、ガウスは整数論と幾何学の間の注目すべき関係を発見した。それは n 個の等しい長さの辺をもち、辺同士が作る角度がすべて同じであるような多角形(数学者はそれを正 n 角形と呼ぶ)の作図問題だ。ただし作図には定規とコンパス以外は使えない。

学校で幾何学を少し習った人なら、n が3の場合ならばいともたやすく作図ができることを思い出すかもしれない。正三角形を描くには、一つの線を引き、その線の長さにコンパスを合わせ、線の両端をそれぞれ中心にして、この半径で円を描きさえすればよい。この二つの円の交点が、三角形の三つ目の頂点となる。nが4つまり正方形の場合も、それほど難しくはない。というのも定規とコンパスで直角が作れるからだ[円の直径の両端から円周上の一点に引かれた直線は直角に交わる]。では辺の数がもっと多い多角形についてはどうだろう。

五角形と六角形が作図できることは、古代からすでに知られていた。では、ひょっとするとどんなnでもうまくいくのだろうか。答えはノーだ。今日では、作図可能なnはきわめて正確に分かっている。それを見つけるには、まず2の2^n乗＋1[2^2+1, 2^4+1, 2^8+1,…]で表せる素数を探す。このような素数はフェルマー素数と呼ばれている。今日知られている最大のフェルマー素数は65537だ。もっと簡単な例をあげれば$5=2^2+1$、あるいは$17=2^4+1$などがある。nがフェルマー素数、ないし異なるフェルマー素数同士の積である場合(さらにそれに任意の2の累乗を掛けてもよい)、そのn角形は作図できる。そして、これ以外のnについては成功しない。たとえば7という整数は、この形では書き表せないため、いかなる人も、定規とコンパスだけで正七角形を作図することはできないのだ(もちろんだいたいの形ならいつでも作図はできる。しかし、それは数学

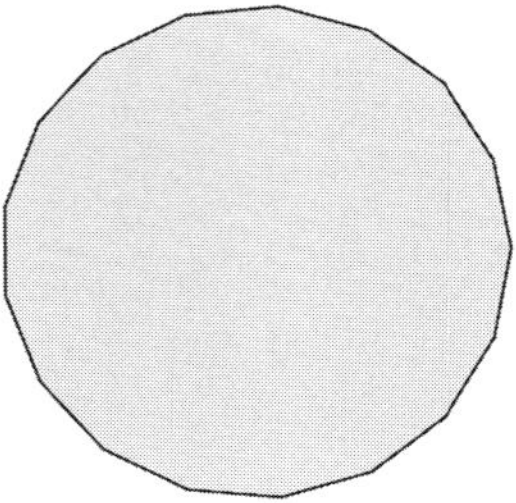

図2 正17角形

者にとっては二の次のことでしかない)。

ガウスはすでに彼の論文の中で集中的に正一七角形問題に取り組み、適切な作図規則を提示していた。

先生もびっくり

学問の歴史上の他の偉人たちと同様、ガウスについても数多くの逸話が伝えられている。この種の逸話は、たいていの場合、真偽のほどは保証できないが、いかにもその人らしい特徴をほうふつとさせるには適している。

一番よく知られている逸話は(少なくとも何人かの読者には初耳であればよいのだが)次のようなものだ。

ガウスが学校に通い始めてから何週間も経たないある日のこと。教室の自習時間に1から順に100までの数を足していくという課題が出た。1＋2＋…＋100の合計はいくつか？

わずかな時間の後、ガウスは先生に5050という正解を告げた。他の生徒たちが、かいもく見通しのつかない足し算の課題を解いているのを尻目に、ガウスは頭の中で巧妙に合計をまとめあげた。つまり1＋2＋…＋100と足していく代わりに、彼は次のような計算をしたのだ。

(1 + 100) + (2 + 99) + … + (50 + 51)

こうすれば、カッコの中はすべて同じ値、つまり101になるから都合がいい。あとは101に、このカッコの総数(それは五〇個になる)を掛けてやればいい。こうして50 × 101 = 5050という求める正解が得られる。

数学の他の分野でも、あるいはまた「実際の生活」でもそうだが、一つの問題が簡単に解けるかどうかは、ひとえにものを見る視点の問題だということが、この例からも分かる。

第25話 円積問題

「円積問題」(die Quadratur des Kreises)という表現はドイツ語では日常語でも用いられる。それはほとんど解決不能な課題を意味する。数学者にとっては、この言葉の背後には、二〇〇〇年以上にわたって多くの人々を魅了してきた興味津々の歴史が隠れている。

すべては古代ギリシアで始まった。ユークリッドの『原論』を通じて幾何学には確固とした基盤が与えられた。そこで多くのエネルギーが注がれたのは、与えられた長さや角度からどのような大きさを作図できるかという問題だった。ただし補助手段として用いることが許されたのはコンパスと定規だけだった。今から見るとやや恣意的に思えるこの制限は、直線と円が特別に完璧なものと見なされていたことと関係がある。

われわれの多くも小中学校でその種の作図を習ったことがある。ある角度を二等分したり、正六角形を描いたり、三角形の斜辺を直径とする円(ターレスの円)を用いて直角三角形を作ったり、等々。

しかしこれより原理的にずっと難しいように見える問題が一つあった。与えられた半径の円と同じ面積を持つ正方形の一辺の長さ a は、どのように作図できるだろうか。これが**円積問題**といわれるもので、その後二〇〇〇年以上にわたってあらゆる解決の努力をはねつけてきた。これが解決されたのは、ようやく一八八二年のことで、しかも驚くべきことに、その解決は大方の予想に反して、幾何学ではなく、代数学によってもたらされた。

というのも代数学者たちはそれまで何世紀にもわたって数について非常に厳密な研究を続けてきたからだ。そして数の中には、精密に区別できる形で「簡単な」数［代数方程式の解となりうる代数的数］と「難しい」数［代数方程式の解となりえない超越数］が存在することを確認していた。しかも、コンパスと定規で作りうる数は「簡単な」数に限られることはずっと以前から分かっていた。したがって、円周率 π が「難しい」数であることが証明できれば、円積問題の不可能性が証明できることも分かっていた。多くの人がこれに挑戦したが、その証明をついになしとげたのは数学者のフェルディナント・フォン・リンデマン（一八五二―一九三九）だった。彼の名前はいつの時代になっても、この証明と結びつけて語られることだろう。われわれの実生活では「円積問題」が解決されることもあるが、こと数学においては、円積問題は絶対に解決不可能なのだ。

コンパスと定規での作図

ここでは作図法をもう少し詳しく調べてみることにしよう。つまり与えられているのは、一枚の紙と、コンパスと定規、そして紙の上には単位となる線分[長さ1]が描かれている。ここで長さ2の線分を作図するのはなんでもない。定規を用いて一つの直線を描き、その上にコンパスで単位線分を二つ分とってやればよい。同じ手法で3、4、5、…という数字、すなわちすべての自然数を作図することができる。同じく既知の線分からそれらの和を、あるいは——逆方向に取ることで——それらの差を求めることができる。

さて次に登場するのは平行線の法則だ。一点で交差する二つの直線が、互いに平行な他の二つの直線と交わっているとしよう(図1)。

この時、平行線の法則により次の式が成り立つ。

$$\frac{x}{y} = \frac{b}{a}$$

したがって、yが単位線分に、aとbがそれぞれ既知の長さになるように作図してやれば、xはb/aの長さになる。要するに、作図可能な二つの長さから、その比に当たる長さを作図することができるということだ。同じことは、積についてもいえる。なぜならaを単位線分として、bとyの値を入力すれば、$x = b \times y$となるからだ。

以上の考察を要約すると、既知の線分同士を＋、－、×、÷という演算記号で結んで得られる結果は、つねに作図可能な線分になるということだ。

しかし、さらにこれ以外にも可能性がある。なぜなら平方根を求めることもできるからだ。理解を助けるために、図2のような直角三角形を考えてみよう。ここで高さの自乗は、分割された斜辺の二つの部分の積に等しいことが知られている。すなわち$h^2 = p \times q$(図2)。

したがってpとqの値がすでに得られていれば、それらが直角三角形の斜辺の分割比になるように作図すればよい。

これはターレスの定理(第26話)を用いればできる。$p + q$の長さをもつ線分ABの上に半円を描き、pとqの分割点に円周上の一点から垂線を下ろ

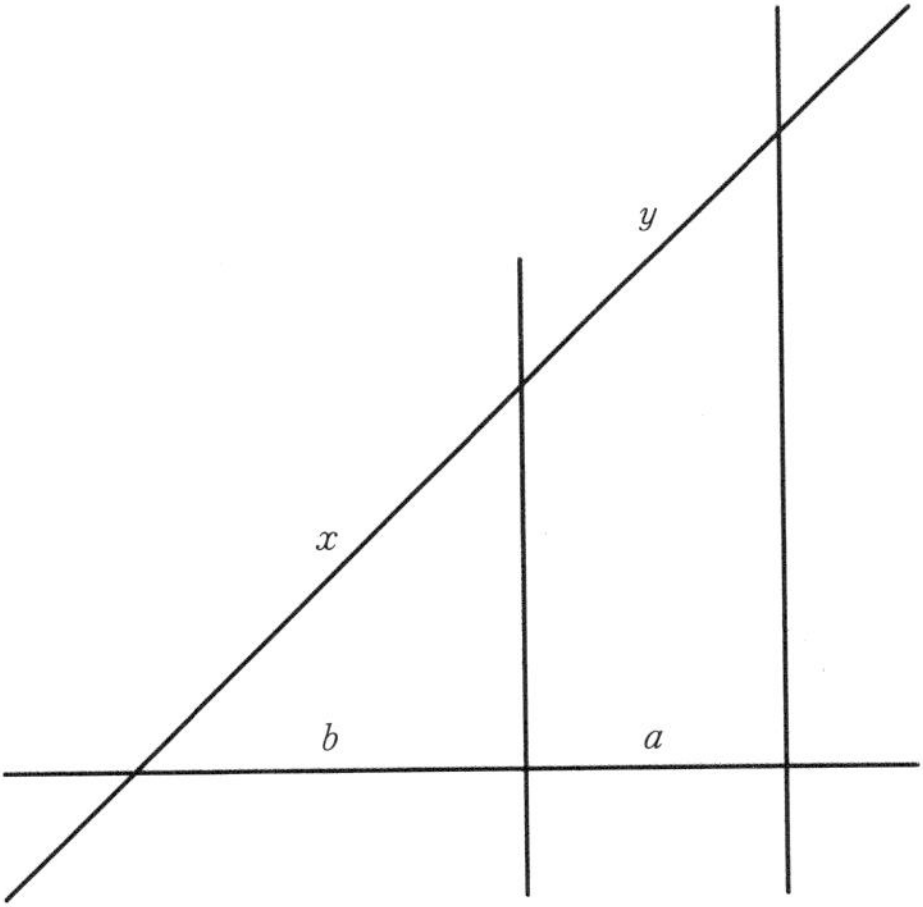

図1　平行線による分割

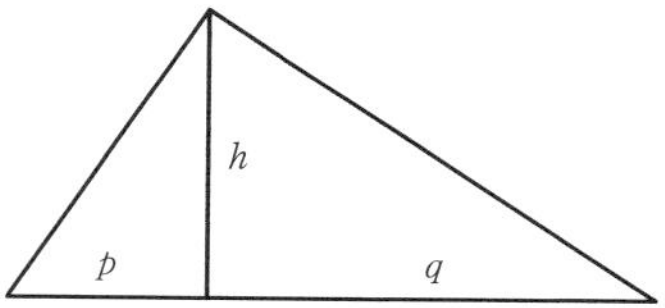

図 2　直角三角形においては $h^2 = p \times q$

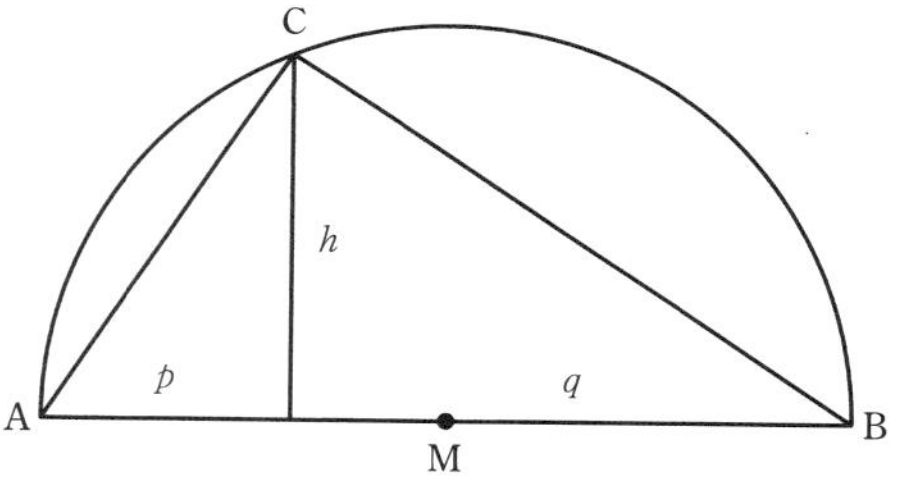

図 3　ターレスの定理による平方根の求め方

せばそれでよい。この時、垂線と半円との交点Cにおいて、ACBがなす角度はターレスの定理により直角となる。これによって $h^2 = p \times q$ となるような数値 h を見つけることができる。言い換えれば、この h が $p \times q$ の平方根だということだ。とくに p が単位線分の場合には、こうして q の平方根を作図することができる(図3)。

ここまでで分かったことをすべて組み合わせるならば、すでにきわめて複雑な数を作図によって作り出すことができる。つまり n、$+$、$-$、$\times$、$\div$、$\sqrt{}$ といった記号を用いて書きうるすべての数(ただし n は自然数とする)、たとえば次のような数を作図によって作り出すことができる。

$$\sqrt{\frac{3-\sqrt{2}}{5}}+6$$

平方根の平方根は四乗根だから、四乗根も(そしてそれに応じて八乗根も一六乗根も)問題なく作ることができる。この手法を用いればどんな複雑な数でも作り出せそうだ。πという数だってその中に含まれていて悪かろうはずはない。それを書き記すために巨大な紙が必要かも知れないが、πも場合によってはn、$+$、$-$、$\times$、$\div$、$\sqrt{\ }$を組み合わせて作ることができるのではないか。しかし、リンデマンの得た結論によって、それは完全に否定されている。なぜなら、作図によって得られるあらゆる数は、円周率πに比べるとはるかに「簡単な」数でしかないからだ。

コンパスと定規だけを用いた作図

「コンパスと定規だけ」という条件は、厳密に受け取らねばならない。たとえば定規のどこかに印をつけておくことが許されるなら、それだけですべてはまったく違ってくる。その違いを説明するために、二カ所に印を付けた定規を使えば、角度の三等分がどのようにして可能になるかを見ておこう。もし規則を厳密に守る(コンパスと、印のない定規以外は使わない)ならば、角度の三等分は——代数的方法で厳密に証明できるよ

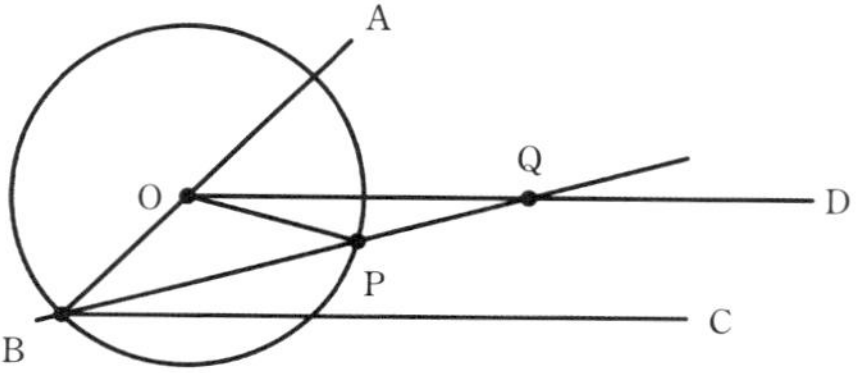

図４　角度の三等分のためのネウシス作図

うに――不可能なはずだ。

　作図の説明をするために、ある角度ＣＢＡを考えよう(図４。角度は例によって三つの点によって定義される。真ん中の点は角度の位置を示す)。

　さてこの角度を三等分してみよう。今、私たちの定規にはＰ、Ｑという二カ所に印が付いていると仮定する。まず直線ＢＡ上に、ＢからＰＱの距離にある点をとり、これをＯとする。そしてＯを中心として、半径ＰＱの円を描く。もちろんこの円はＢを通る。次に、Ｏを起点としてＢＣに平行な直線ＯＤを引く。

　ここで例の定規が用いられる。ここでこの定規を、①Ｂを通り、②Ｐ点で円を横切り、かつ③Ｑ点でＯＤと交差するように置く(図４)。

　基本的には、これでもう解決だ。私たちは、角度ＰＯＱが最初の角度ＣＢＡのちょうど三分の一になっていると主張できる。

　証明するためには、角度ＰＯＱに何か名前を付けておく方が便利だ。今これをαとおくことにしよう。そのとき、角度ＰＱＯもαに等しいことが確認できる。というのも三角形ＯＰＱにおいて、ＰＯとＰＱの二辺の長さは(両方とも円の半径に等しいので)互いに等しく、それゆえ二等辺三角形の二つの底角は等しいはずだからだ。

さて、三角形ＯＰＱの内角の和は一八〇度で、かつ二つの底角が分かっているので、角度ＯＰＱの値は $180-2\alpha$ と計算される。だとすれば角度ＯＰＢは 2α に等しい。なぜなら角度ＯＰＢとＯＰＱはたがいに補角をなし、その合計は一八〇度となるからだ。また三角形ＢＰＯも二等辺三角形だ。なぜならＯＰとＯＢはともに半径に等しいからだ。ここから同じように、角度ＯＢＰもまた 2α という値になるはずだという結論が得られる。

証明の最後の一歩として、われわれは角度ＱＢＣが α に等しいことに注目する。なぜならこの角度は角度ＯＱＢと一致するからだ。すなわち両方の角は一つの直線(定規)が二つの平行線(ＢＣとＯＤ)と交わるときにできる錯角にあたる。以上をまとめると角度ＯＢＣ、すなわちＱＢＣとＯＢＱの和はたしかに 3α となる。これは角度ＱＢＣが角度ＣＢＯの三分の一にあたるということを意味している。

球積問題

「円積問題」は、すでに見てきたように規則を守る限り解決不能な問題だ。しかし日常用語では、特に難しい課題をさすときなどにも「円積問題」という表現が[ドイツでは」時に使われる。

二〇〇五年末のドイツの連立政権交渉では、首相に予定されていたアンゲラ・メルケルが一歩踏みこんだ要求を掲げることをめざし、マスコミに対して、交渉は円積問題よりさらに難しい、まるで「球積問題」のような難問だと語った。彼女が言おうとしたのは、一つの球と同じ体積をもつ立方体を作る問題のことだと考えていいだろう。半径 r の球の体積は $\frac{4}{3}\pi r^3$ で求められ、一辺の長さ ℓ の立方体の体積は ℓ^3 だから、次の式が成立しなければならない。

$$\frac{4}{3}\pi r^3 = \ell^3, \quad \text{すなわち,} \quad \ell = \sqrt[3]{\frac{4}{3}\pi} \cdot r$$

言い換えれば、球積問題の解決には、$\sqrt[3]{4\pi/3}$ の作図が要求されるということだ。

この作図がもし可能であれば、先に述べた手順［累乗や加減乗除］によって π も構成できることになるだろう。そしてそれができれば円積問題もまったく問題なく解決できるはずだ。

ただし、逆に円積問題が解けたとしても、球積問題が解けるとは限らない。なぜなら定規とコンパスでは一般的に三乗根は作図できないからだ。

結論。アンゲラ・メルケルは正しかった。たしかに球積問題は円積問題より難しい

(もっとも、こんな言い方にどんな意味があるのか、疑問の余地もあるだろう。なぜといって球積問題も円積問題も、しょせんは解決不可能なのだから)。

第26話 最初の数学的証明は二五〇〇年前に行なわれていた

そもそも数学はいつから始まったのだろうか。これはなかなか答えにくい質問だ。それは何をもって数学と呼ぶかによって変わってくる。数と関係する簡単な問題を扱う能力を数学と呼ぶなら、数学の起源は歴史の黎明期の懐深くにまでさかのぼるだろう。古代バビロニアやエジプトでもさかんに計算は行なわれていた。どれくらいの穀物が収穫されたか、ピラミッドの底辺はどれくらいの長さでなければならないか、など。

そのために必要な計算の手引きはすでに存在していたし、実用に足る円周率 π の近似値はすでに使われていた。また直角三角形が(今日で言う)ピタゴラスの定理と関連していることもまた知られていた。

しかし普通は、数学の起源を西暦前の千年紀の中葉に設定することが多い。つまり紀元前五〇〇年前後のギリシアの数学者たちが、もはや大まかな概算や実例計算では満足しなくなった時点だ。彼らは事柄を根本にさかのぼって探求し、真理発見のための確実な土台を手に入れようとした。最初の証明が発達したのはその頃だ。その初期の実例で、よく知られているのがターレスの定理だ。ある三角形の頂点が底辺を直径とする半円の円周上にあるとき、その三角形は直角三角形になるというものだ。それはどんな場合にも成立する。つまり簡単な仮定から出発して厳密に証明できる(図1)。

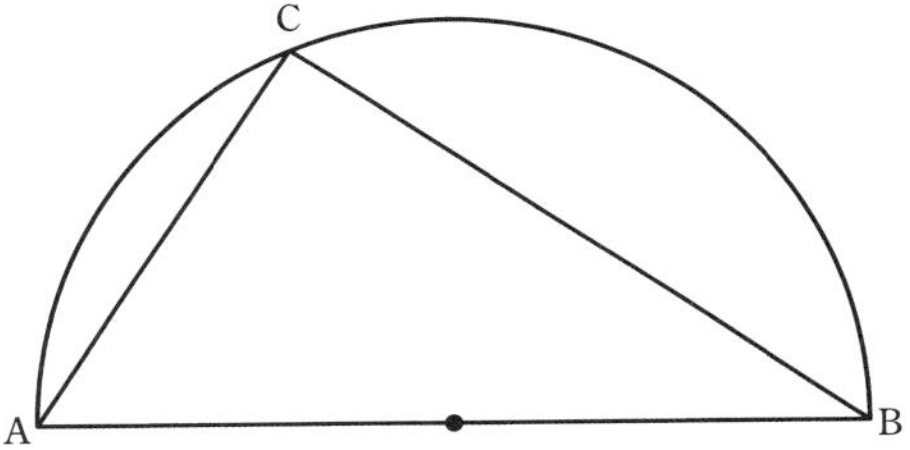

図1　ターレスの定理．頂点Cに90度の直角ができる

こうした努力が最初のピークを迎えたのは、ユークリッドの『原論』の刊行によってだった。ユークリッドは当時の幾何学的知識を集大成すると同時に、その後くりかえし複製されていくことになる、ひとつの学問の発展モデルを提示した。すなわち明らかに真なる事実(公理)から出発し、厳密な論理にもとづいて他のすべての事実を導き出すというモデルだ。たとえばニュートン物理学もこの方法に基づいて構築されており、カントもまたこのアプローチを模範的なものとみなした。「あらゆる純粋な自然学には、その中で数学が適用できる程度に比例して、本来の科学としての要素が含まれている」(イマヌエル・カント『純粋理性批判』)。

「正しさが確証された真理探究」――ギリシアの数学者たちによってはじめて実現されたこのアプローチは驚くべき成功へとつながっていった。数学者が研究してき

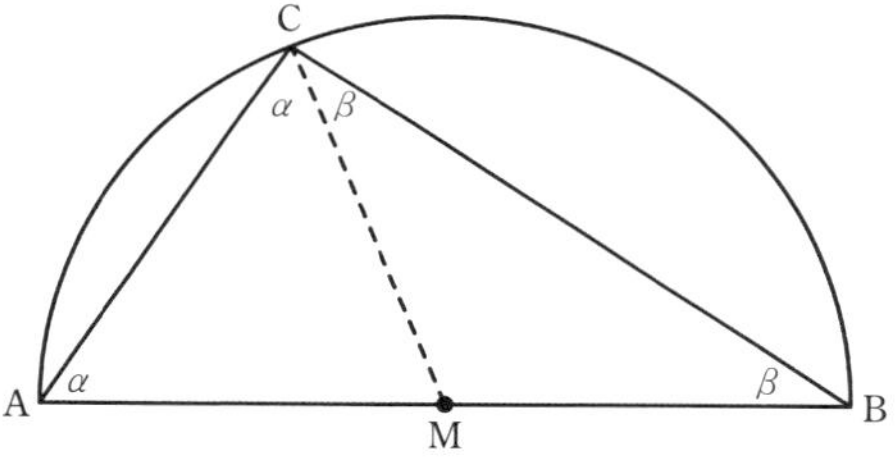

図 2

た理念化された世界、その中で発見された事実によって、われわれをとりまく現実の多くの現象が記述できるということが、近世の歴史の中で分かってきたのだ。それはニュートンにおいてはまだ比較的単純だった。ベクトルと関数で事足りたからだ。それが現代ともなると、ねじれ空間やテンソルや確率の分野で最先端の水準についていくのは専門家といえども容易ではない。

なぜ数学を使うとこんなふうにうまくいくのか。この問題については、もちろんいろいろ議論があるだろう。親愛なる神は数学者だったのだろうか。それとも単にわれわれは、こうした方法を選び取ることによって見たいと思っていることを見ているにすぎないのだろうか。数学者にとっては、それはどちらかといえば二義的なことだ。数学者に魅惑と満足感を与えてくれるのは、未来永劫揺らぐことのない真理を発見することだ。

半円と直角

数学的事象は時として「適切な」ものの見方をするだけで簡単に証明できることがあ

る。ターレスの定理はその格好の例だ。もう一度その定理を見てみよう(図2)。今、適当な円の直径の上に半円が描かれている。直径の両端をA、Bとしよう。半円周上に任意の一点Cをとると、三角形ABCは、Cを直角とする直角三角形になる、というのがその定理だ。

証明は、円の中心Mと点Cを結ぶ補助線を想像することから始まる。このとき三角形AMCは二等辺三角形だ。なぜならAMもMCもともにこの円の半径に等しいからだ。したがって——三角形AMCの底角である——角Aと角Cは同じでなければならない。同じことは三角形MBCの底角についてもあてはまり、角Bと角Cは等しい。すなわち図の記号を用いればもとの三角形ABCのC点における角度は$\alpha+\beta$に等しくなる。

ところでいずれの三角形においても内角の和(角A、角B、角Cの合計)は一八〇度でなければならないことが分かっている。われわれのケースで言えば、

$$\alpha+\beta+(\alpha+\beta)=180$$

が成り立つということだ。これは$\alpha+\beta$の二倍が一八〇度だということを意味し、よって角度Cは九〇度でなければならない。

ターレスの定理はよく用いられる。コンパスと定規だけを用いて、ある数の平方根を

作図できるというのも、その一例だ(第25話)。

第27話

結び目はどこまで絡みあえるか

地下の作業場にかなり長い延長コードがあったとしよう。あなたはその片方の端(差込み部分)を、もう一方の端(受け口部分)に差し込む。すると一つの閉じた電気回路ができあがる。

この作業をする前に、すでに延長コードが多かれ少なかれ絡みあっていたならば、これによってコードは救いようもなくこんがらがってしまうだろう。さてこのコードを、先ほど挿入したコンセントを外すことなく解きほぐすことができるだろうか。つまり一つの大きな輪にすることができるだろうか。時にはうまくいくかもしれないが、時にはうまくいかないだろうことは明らかだ。

しかし、正確にはどんな時にうまくいかないのか？　このテーマに数学は数百年前から取り組んできた。もちろんそこで扱われるのは延長コードではなく、一般的な結び目についての理論だ。最初の問題の一つは、こうした問いを扱うのにふさわしい言葉を見つけることにある。この問題はライプニッツがすでに提起していたが、満足のいく形で

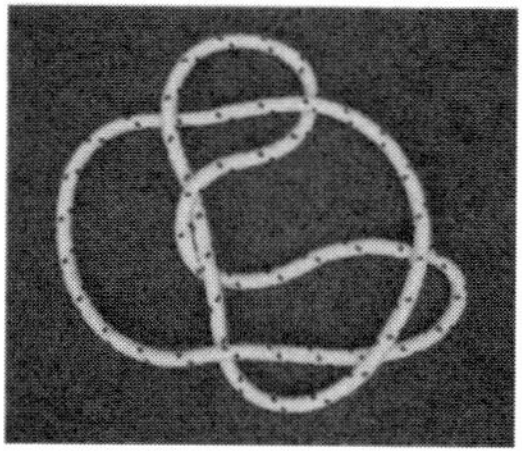

図1　この絡みを解きほぐすことができるか

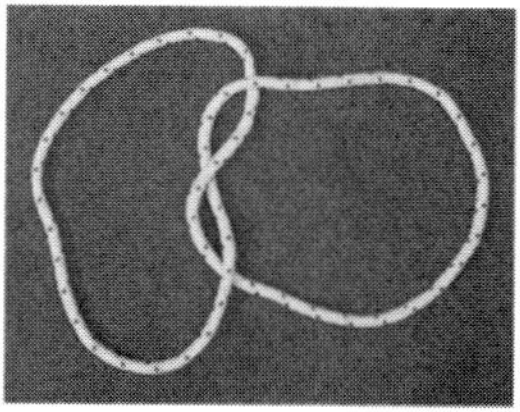

図2　クローバー結び

解決されたのは一九世紀も末になってからのことだ。精密なヴァージョンはいくぶん専門的なので、ここでは引き続き延長コードで話を進めよう。

恥ずかしい話だが、その後も一番単純な問題の一つが解決されるまでにさらに数十年の時を要した。日曜大工をする人なら誰でも知っていることが、一九三〇年代になってようやく厳密に証明できるようになった。それはどんなに巧みな方法を駆使しても解きほぐすことのできない絡み方があるということだ。そのもっとも単純な一例が写真にあるクローバー結びと呼ばれる結び方だ。

しかしそれより格段に難しいのは、いわゆる分類問題だ。本当に異なるといえる結び目には、本来どのような類型があるのか。これは現在も研究が進められているテーマだ。

結び目理論への取組みを支えてきたおもな動機は、物理学における重要性だった。すなわち一八六七年、イギリスの物理学者ウィリアム・トムソン、後のケルヴィン卿は、非常に独創的な原子理論を提唱した。それによれば原子はエーテル中の渦線であるとされた。イメージとしては極小の煙の輪が互いに相手の中に飲み込まれる様子を思い浮かべればよい。これによれば原子がもつ多様性は、異なる原子においては原則的に異なる絡みあいが実現しているということから説明される。これが体系的な結び目理論に向かわせるきっかけを作った。

現代物理学には、もはやケルヴィンのアイデアが占めるべき場所はない。しかしそうこうするうちに、この結び目理論はまったく別の理由から物理学にとってきわめてアクチュアルなものになってきた。いわゆる「ひも理論」の中で、結び目理論は極小世界を記述するための重要な役割を果たしているのだ。

結び目不変量

結び目理論の中で「解きほぐすことのできない結び目が存在するか」という問題が提起されてから、それが初めてゲッティンゲンの数学者クルト・ライデマイスター（一八九三―一九七二）によって解決されるまで、実に二三〇年の時を要した。一九三二年にライデマイスターは結び目不変量という考え方を用いて一つの解決方法を提案した。

ここではまず、不変量を用いて作業するというアイデアを、非常に簡単な例を用いて説明しておこう。

一つの単純な「ゲーム」を考える。テーブルの上には一〇個のおはじきが置かれている。プレーヤーは一ゲームごとに、七個のおはじきをそれに加えるか(ただし手持ちのおはじきは無制限にあるとする)、あるいは七個のおはじきを(可能ならば)テーブルから取り去るかする。

さてここで問題。どこかの時点でテーブルの上に二二個のおはじきがあるという状態を作り出すことができるだろうか。

答えはノー。それは無理だ。このことは不変量の手法を用いて次のように証明できる。まずあらゆる時点で、テーブル上のおはじきの数を7で割った余り(前に述べた用語を使えば、*おはじきの数* mod 7 の値)を考えてみる。その時、次の三つのことが明らかだ。

- ゲーム開始時点では、余りは3。
- このゲームを繰り返しても、余りは変化しない。なぜならおはじきの総数は7増えるか、あるいは7減るかしかないからだ。
- 二二個の場合、余りは1。

ここから二二個は実現し得ないことがわかる。

さてそこで、ライデマイスターは結び目にもこれと同様のアプローチが可能ではないかと思いいたった。彼はまず結び目にとって「単純なゲーム」にあたるのは何なのかを定義した。そしてそこから「ライデマイスター移動」とよばれる五つの異なった類型をとりだした。それらは「ある部分を、他の部分にさわらないで移動する」という操作だ。このとき重要なことは第一に、結び目によって作りうる状態はすべてこの種の「ゲーム」の連鎖として記述しうるという観察だ。第二にライデマイスターは不変量を定義する。一回のゲームを行なうことによって変化しない結び目の性質というものがある。もし結び目が一回のゲームの前にそうした性質をもっていたならば、そのゲームの後にも同じ性質をもっているはずだ。

もっとも、この不変量は先にあげた例での「7で割ったときの余り」などと比べると、はるかに複雑だ。ライデマイスター不変量とは、平面に描かれた結び目の絵をある特殊な方法で彩色できる可能性をさす「ひもAがひもBの向こう側を通過するときには、Aは交差点で切れた状態で描かれる。こうしてできた絵の上で、両端に切れ目をもつひもを一色で塗る。このようにしてすべての交差点で三色が集まるか、あるいは一色にそろうように塗ることができる場合、彩色可能とみなす」。

このアプローチの要点は、次の命題が証明できるところにある。

- ライデマイスター移動においては、不変量は変化しない。
- つながった輪、すなわち解けた結び目は、「2色以上の色では」彩色不可能である。

• ある種の結び目、たとえば先に示したクローバー結びは［2色以上の色を使って］彩色可能である。

これによって、クローバー結びは解きほぐすことができないことが分かる。しかし、これですべての問題が解明されたと思うのは大間違いだ。ある結び目が彩色可能なときには、その結び目は解くことができない。しかし逆は必ずしも言えない。多くのケースでは、この手法だけで目標に達することはできない。なぜなら、彩色できない結び目の中にも解くことができないものがあるからだ。ということは目標に達するための新しい不変量を見つけなければならないということだ。

これはまさに現代の研究が熱心に追い求めているものだ。最終的な目標は一般的不変量を発見すること、すなわち第一に簡単に検証でき、第二に結び目が解きうるときにのみ満たされうるような属性を発見することにある。

第28話 世界は「ねじれ」ているか

数学の最初の頂点の一つは二〇〇〇年以上も前にさかのぼる。当時ユークリッドは平面幾何学の基礎を体系的にまとめあげた。二本の平行線に他の一つの直線が交差するとき、そこでできる角度はたがいにどのような関係になるか。三角形の内角の和は何度になるか。台形ではどうか。「定規とコンパス」による作図とは何を意味するのか。

ユークリッドのアプローチの精密さは感動的だ。ただしその内容に関しては、意表を突くものはほとんどない。たとえば異なる二点をむすぶ直線は一本しかないこと、あるいは任意の直線Gとその直線上にない一点Pがあるとき、Pを通ってGと平行な直線は一本しかないことなどは誰でも分かることだ。

言い方を変えれば、ユークリッドの公理は生活経験の数学的精密化以上のものではないということだ。だからこそユークリッド幾何学は一五〇〇年ほど前まで疑問に付されることはなかった。

しかし一九世紀になると人々はもう一歩踏みこんでものを考えるようになった。たとえば偉大なカール・フリードリヒ・ガウス(第24話)は、巨大な三角形を例にとって内角の和が本当に一八〇度になっているかどうかを実験的に検証した。彼はハルツ山脈のブロッケン、インゼルスベルク、ホーアーハーゲンの各山頂が作る三角形を利用した。測量誤差の範囲内でユークリッド幾何学の正しさは確証されたが、しかしそもそもガウスが、理論を現実と照らし合わせて検証する必要性を感じていたことは一驚に値する。

一八三〇年代にボヤイとロバチェフスキーはガウスとは(また互いの間でも)独立に、非ユークリッド的な幾何学を発展させた。それらは形式的にはユークリッドの手法に似た構成をとっている。ただし三角形の内角の和は必ずしも一八〇度にはならない。この発展は一八五〇年代にベルンハルト・リーマン(一八二六—一八六六)によって継続された。リーマンはいろいろな幾何学についての非常に一般的なモデルを提唱した。

数十年間にわたってこうした考察は専門家の間でしか知られていなかった。それがアクチュアリティを獲得したのは、アインシュタインの一般相対性理論の中で、世界の構造がリーマンの手法で一般化された幾何学によってもっともよく記述できるらしいということが分かってからだ。もし世界が二次元であったと仮定すれば、われわれは世界を波打った平面としてイメージできるだろう。そこでは、ある個所でのねじれとそこに存在する質量との間に密接な関係がある。

かなりこみ入ったこの理論は、その間に十分に検証されてきた。生じるねじれは極度

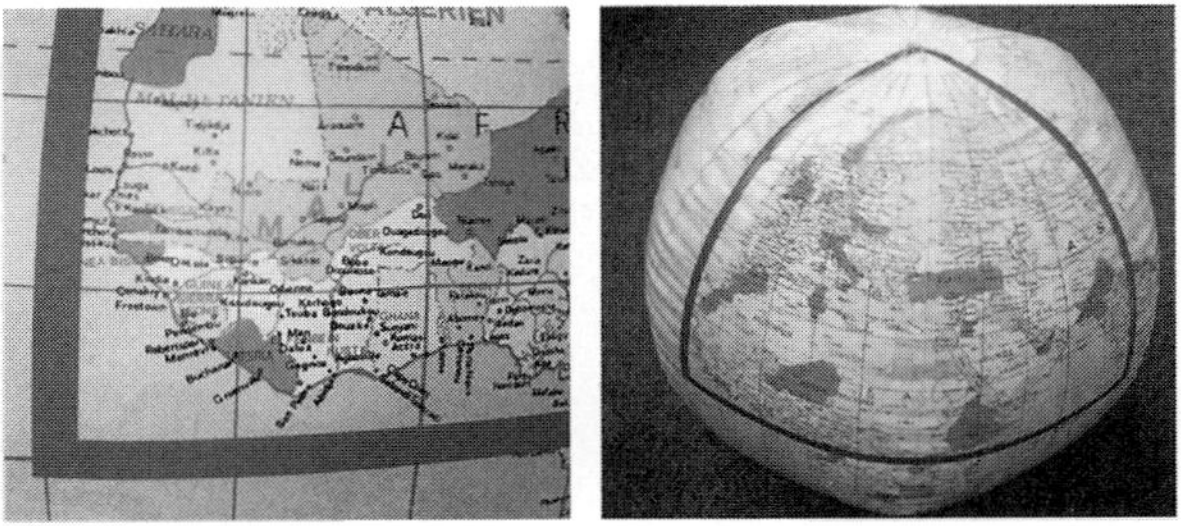

図1　地球上での直角(左)と直角三角形(右)

に小さい。そこから生じるずれは、山頂がつくる巨大三角形を相手にガウスが行なった精密測定をもってしても確定はできないほどだった。にもかかわらず、ユークリッド幾何学との差異は読者にとっても私にとっても、日々の生活の中で大切な意味を持っている。たとえば正確な位置を知らせてくれるGPSシステムのための衛星は一般相対性理論を考慮に入れて同調されている。

内角の和が二七〇度の三角形

ガウスの測定では山頂を直線で結んでできる三角形が対象となっていたことは強調しておく必要がある。測定は「目視」で行なわれる。そのさい二点を結ぶ線が直線であることは、光が正確に直線に沿って伝播するという性質から導かれている。

地球上の巨大三角形であれば、これとは異なる測定方法がありうる。地球の表面上では、三つの点とその点を最短距離で結ぶ線で囲まれる図形もまた三角形とみなすことができる。ただし、許されるのは地表を通る道だけで、地球の腹の中を貫通する近道は禁止することにする。

最短距離で結ぶ線はいわゆる大円と呼ばれる線で、地球の中心点を通る平面と地表との交わりによって作られる円だ(たとえばドイツから日本に飛行機で飛ぶのに、ロシアではなく北極を回るコースがあるのをかつて不思議に思った読者もいることだろう。ドイツから日本に向かう大円はドイツの側からみるといったん北極の方角に向かうのだ)。

こんなふうに直線を解釈するとき球面三角法が成立し、そこではいくつか慣れを要する現象がみられる。たとえばすべての角度が九〇度となるような三角形などは簡単に作ることができる。すなわち平面幾何学と異なり、三角形の内角の和は二七〇度になりうる。それを確かめるには、北極から出発して大円を南に向かい、赤道に達するまで進む。赤道に到着したら今度は正確に東に向かって(つまり赤道の上を)しばらく進む。そして一万キロメートル(地球の四分の一)進んだところで左に直角に曲がり、今達した経線の上を再び北に向かい北極まで旅をすればいいわけだ。

第29話

ライプツィヒ市庁舎とヒマワリ

黄金比は数学のもっとも重要な数の一つだ。復習をしておこう。長方形の「短い辺の長さ」対「長い辺の長さ」の比が、「長い辺の長さ」対「短い辺と長い辺の長さの合計」の比に一致するとき、この比を黄金比(黄金分割)とよんでいる。正確な値は次のように求めることができる。今、長い辺の長さをx、短い辺の長さを1とすると、われわれの仮定から$x/1 = (1+x)/x$が成り立つ。両辺にxをかけて整理すると二次方程式$x^2 - x - 1 = 0$が得られ、これをpとqを用いた完全平方式の公式を用いて解くと、正の解はただ一つで$x = 1.6180\cdots$が得られる。

両辺が黄金比をなす長方形は美的にも特別美しく感じられるということがよく主張される。たしかに建築の分野に黄金比が頻繁に登場することはまちがいない。それはギリシアの神殿にも現代の建築物(たとえば旧ライプツィヒ市庁舎は、塔によって黄金比に分かたれている)にも同じように発見できる。もっとも日常生活では、われわれには黄金比よりも(A4判などの)用紙規格のほうがなじみぶかい。これは真ん中で二つに折りたたんだときに元の長方形と縦横比が同じ長方形ができるようにしたもので、長い辺と短い辺の比は1.414…、つまり2の平方根になっている。

黄金比の重要性は、それがほとんどあらゆる数学分野で役割を果たしているというところからも見てとれる。それが幾何学について言えることは驚くに値しない。なんといっても、もともとこの数は幾何学上の問いを介して導入されたものなのだから。しかしまた整数について考察するときにも、この数に出くわすことがある。一例として有名なフィボナッチ数列を見てみよう。この数列は1、1、…から始まり、以下の項はそのつどその前の二項の和として与えられる。したがって以下の項は2、3、5、8、13、21、…となる。この数列の隣接する二項の比は数が大きくなるにつれ限りなく黄金比に近づいていく。すでに21/13 = 1.615…でもかなりよい近似値になっている。

時としてフィボナッチ数列は自然の中にも登場する。たとえばヒマワリの種の配列がそうだ。たまたま近くに巻き尺があったら、自分を材料に黄金比発見の旅にでることもできる。「ひじから指先までの長さ」対「ひじから手首までの長さ」の比などは、数多くの例の一つにすぎない。

しかし、てっとり早く探そうと思うならば投機の世界だ。あるいは、グリム童話で善良な登場人物と邪悪な登場人物の数の比が黄金比になっているという説をあなたは信じるだろうか。

連分数

黄金比はまた別の点でも、一つの特別な数だ。今度のテーマは近似だ。本来は分数ではない数を扱うとき、第一に分子と分母があまり大きすぎず、第二に非常によい近似値が得られる分数でそれを代用できれば、まちがいなく非常に便利だ。たとえば円周率πは$\frac{22}{7}$という分数でかなり正確に近似できる。六桁の精度でのπの値は3.14159であり、$22/7 = 3.14285\cdots$だ。このことはエジプト人がすでに二五〇〇年も前に知っていた。たいがいの計算ならばこれ以上に詳しい値は必要ない。

こうした意味で、一つの数のもっともよい近似値はいわゆる連分数を用いて求めることができる。これはちょっとこみいった手法で作られる分数で、正確な規則は以下の通りだ。

連分数は次ページの表のように、角括弧の中に有限個の自然数を並べて表す。これが抽象的すぎると感じる読者のために、以下にいくつかの具体例をあげておこう。

$$[3, 9] = 3 + \frac{1}{9} = \frac{28}{9} \qquad [2, 3, 5, 7] = 2 + \cfrac{1}{3 + \cfrac{1}{5 + \cfrac{1}{7}}} = \frac{266}{115}$$

連分数の表式

記　法	内　容
$[a_0]$	a_0
$[a_0, a_1]$	$a_0+\cfrac{1}{a_1}$
$[a_0, a_1, a_2]$	$a_0+\cfrac{1}{a_1+\cfrac{1}{a_2}}$
$[a_0, a_1, a_2, a_3]$	$a_0+\cfrac{1}{a_1+\cfrac{1}{a_2+\cfrac{1}{a_3}}}$
$[a_0, a_1, a_2, a_3, a_4]$	$a_0+\cfrac{1}{a_1+\cfrac{1}{a_2+\cfrac{1}{a_3+\cfrac{1}{a_4}}}}$
…	…

ある数を、連分数を用いてできるだけ正確に近似しようと思うなら、連分数の中に登場する数を大きくすればよい。たとえば [10, 20] ならば [5, 5] よりもより正確な近似が期待できる。

ここで黄金比に戻ろう。この数は非有理数の中で連分数によってもっとも近似しにくい数だという驚くべき性質を持っている。つまり一番いい近似の期待できる連分数が [1], [1, 1], [1, 1, 1], [1, 1, 1, 1], … なのだ。この事実は、いわゆるKAM理論（この理論を発展させた三人の数学者コルモゴロフ(Kolmogoroff)、アーノルド(Arnold)、モーザー(Moser)の頭文字をとったもの）の中で重要な役割を果たしている。この理論によれば、周波数関係が黄金比をなすような振動システムは妨害的な影響に対してきわめて動じにくいということが推論される。

クイズ

ネットサーファーの間でよく知られているクイズがあり、これも間接的にフィボナッチ数と関係している。図1の上には四つの部分に分割された三角形が記されている。この四つの部分を下図のように並びかえるともう一度同じ三角形ができあがる。ところが一つのマス目だけが突然抜け落ちてしまった。いったいそれはどこへいったのか。

答えはこの項目の最後に付した。

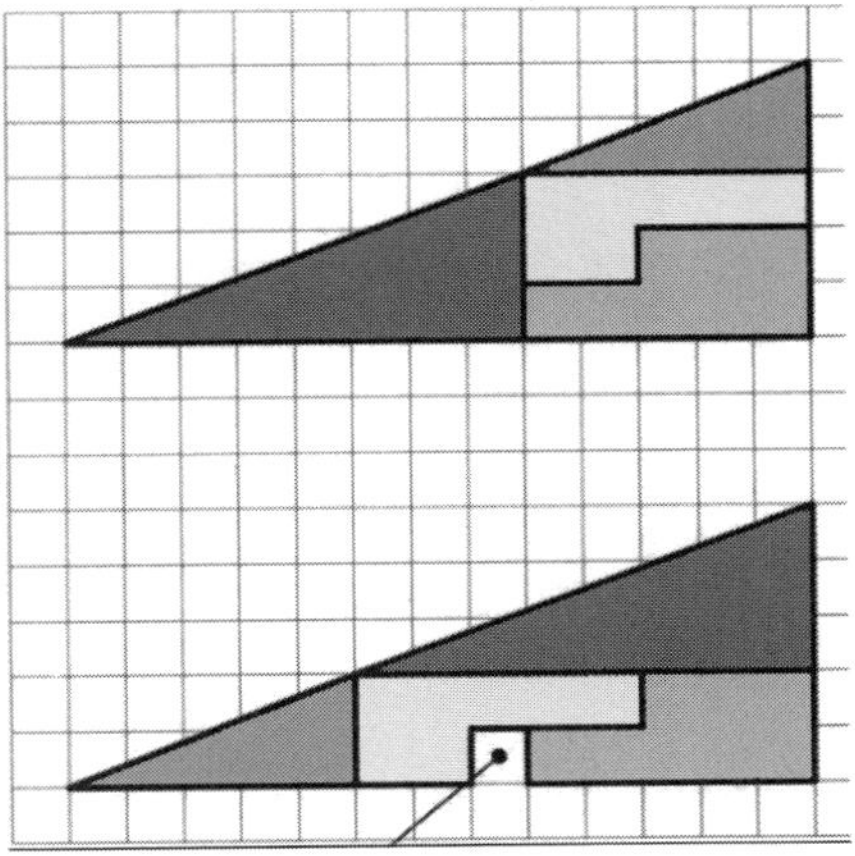

図1　このマス目はどこにいった？

パチョーリの正二〇面体

イタリアの数学者ルカ・パチョーリ（一四四五—一五一七）は、黄金比とプラトン立体（四、六、八、一二、二〇の五種類の正多面体）の間の興味深い関連を発見した。

辺の長さが黄金比をなす三つの同じ長方形があったとしよう。すなわち一辺の長さは、他の辺の一・六一八倍だ。

この長方形をたがいに直角に交差させ

図 2　パチョーリの正 20 面体

る。もし三枚の木の板から作るのであれば、少しばかりノコギリを入れる必要がある。するとここで驚くべきことが判明する。これらの長方形の頂点をたとえば糸で互いに結んでやると、なんとプラトン立体の一つ、正二〇面体ができあがるのだ。

第18話でとりあげた「もっとも美しい公式」の時と同じように、これもまた異なる数学分野の間に驚くべき関係がくりかえし出現する印象深い一例だ。

[クイズの答え]

図形を並び替えた時に、一つのマス目が増えたり減ったりしうる理由は、これが正確には三角形ではないことにある。上の「抜けのない」、ほとんど三角形に見える図形は、実のところ斜辺が軽く内側に折れており、下図の並べ替えた「三角形」では斜辺はやや外に膨らんでいるのだ。

これについては誰でもすぐ納得できるだろう。大きいほうの三角形の傾斜は $3/8 = 0.375$、小さいほうの三角形の傾斜は $2/5 = 0.4$ だからだ。ここで登場する数2、3、5、8という数はいずれもフィボナッチ数列に属する。そして2|5が3|8に近いというこ

の事実は、フィボナッチ数列の隣接する二項の分数の値が黄金比に収束するということと関係しているのだ。

第30話 四色あればいつでも足りる

一枚の紙を用意して、そのうえに一枚の地図を描く。その時、見栄えがいくらかよくなるように、一つ一つの国に色を塗ってみるのもいいだろう。しかし、見たときに分かりやすいように国境を共有している国については別々の色を塗りたいと思うだろう。

そのとき、何色が必要となるだろうか。もちろん地図上にある国の数だけ色があれば問題はない。しかし明らかに、もっと少なくても足りるだろう。なぜなら全部の国が全部の国と国境を接しているなどということはありえないからだ。驚くべきことだが、上手にやりさえすれば、四色あればいつでもうまくいくということが間もなく分かるだろう(図1)。

このことは一九世紀にすでに気づかれていた。しかし数学者というのは実験的な診断には決して満足のいかない人々だ。どんなに多くの国がどんなに複雑に入り組んでいようと、四色あればいつでも大丈夫ということを保証する証明が求められた。

多大な努力が傾けられたが、この問題はじつに手強いということが分かった。数学世界は、この問題が解決されるまでなんと一九七〇年代まで待たねばならなかった。そして事実、四色あれば常に足りることが分かったのだ。

もっともこの証明には小さな問題がある。そしてそれゆえに全体についてはいまだに議論が続けられている。その結果は疑われているわけではないが、しかし証明の重要な一部がコンピュータに任されたのだ。必要とされる計算はあまりにも複雑で、とても人力ではこなせないものだった。これは数学者にとって新たな、そして不満の残る状況で、彼らは(今のところはまだ)この状況になじめないでいる。たとえ何十台のコンピュータが正しさを証明したとしても、「あっ、分かった」というあの独自の体験は、それよりはるかに高い価値を持っている。

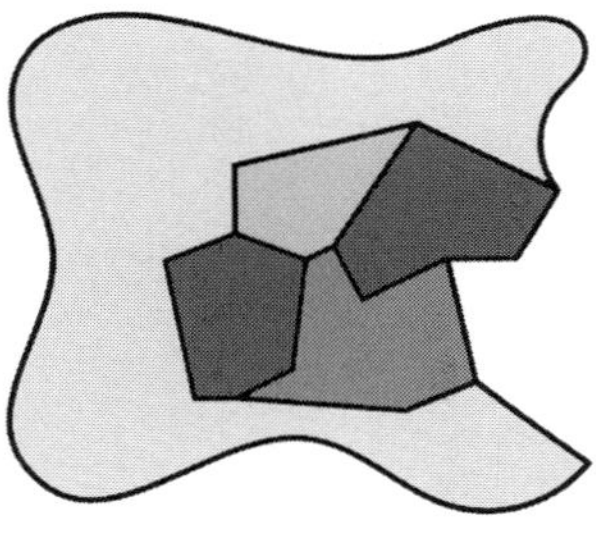

図1　ここでは4色が必要だ(3色では足らない)

どちらかといえば実用的な応用に関心のある人ならば、こんな問題にはあまり興味はないに違いない。第一、どんなイラスト・ソフトでもほとんど好きなだけ多くの色が使えるようになっている。これは、どちらかといえば「無限に多くの素数が存在する」とか、「円周率πは超越数だ」というのと同じ部類の問題だ。人々を魅惑するのは、四色定理によって一つの疑問が最終的に解明されたことによる。いかに時を経ても、どんなに国数が多くてもこの定理は動かない。そして遅かれ早かれ、コンピュータに頼ることなくそれについての確信をもつことができるようになるだろう。

地図とグラフ

四色問題を例にとると、数学者が問題をいかにして本質的な問題に還元するかということがうまく説明できる。具体的に国境がどのように走っているかは、色塗りにとってはまったく非本質的な問題だ。関心があるのは、二つの国が国境を共有しているかどうかということだけだ。したがって地図の塗り分け問題は、次のようなグラフ彩色問題として書き換えることができる。

それぞれの国を、紙の上の一点として描きなさい。そして二つの国が共通の国境をもっているときには、それらの国を表す点同士を線で結びなさい。

点とそれを結ぶ線で構成される体系は数学ではグラフとよばれている。時刻表、コンピュータにおけるファイル構造、その他多くの個所や、数学以外の世界でもわれわれはグラフに出会う。

たとえばドイツ連邦共和国の各州はグラフで表すと図2のように見える。

ここで記入された数字は下に列挙した各州を表す。

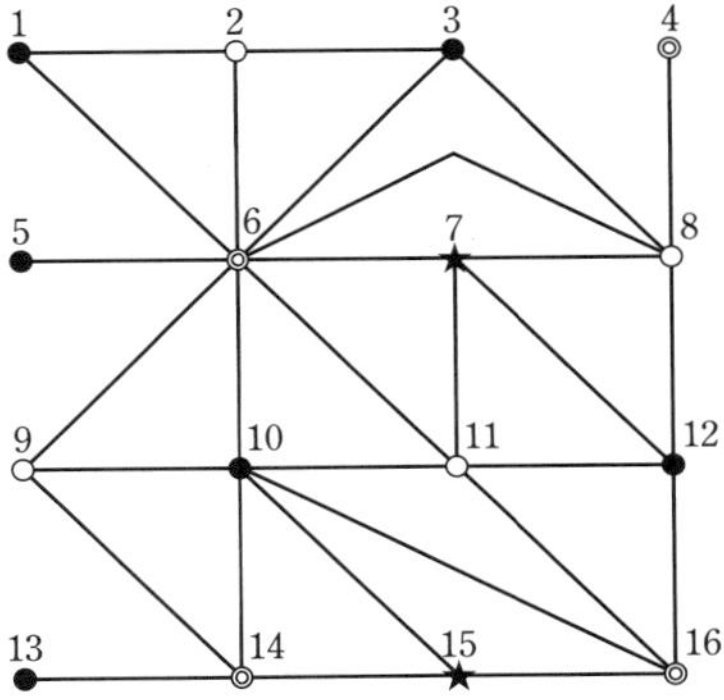

図2 ドイツのグラフ

ドイツの各州．1：ハンブルク，2：シュレスヴィヒ・ホルシュタイン，3：メクレンベルク・フォアポンメルン，4：ベルリン，5：ブレーメン，6：ニーダーザクセン，7：ザクセン・アンハルト，8：ブランデンブルク，9：ノルトライン・ヴェストファーレン，10：ヘッセン，11：チューリンゲン，12：ザクセン，13：ザールラント，14：ラインラント・プファルツ，15：バーデン・ヴェルテンベルク，16：バイエルン

このとき、われわれの彩色問題は次のような形をとることになる。われわれは、結合線の両端が同じ色に決してならないような方法で、このグラフの各点を四色で塗り分けられるだろうか。

ドイツの州については、一つの彩色提案がすでに先のグラフの中に書き込まれている(ただし、色ではなく印)。

農夫、ヤギ、狼、キャベツ

グラフを用いて適切な図を描くと問題が非常に簡単に解けるという基本的な例として、次のようなクイズを思い出してみよう。

一人の農夫が、ヤギとキャベツと狼を一隻の小舟に乗せて川を渡ろうとしている。ところがこの船には、農夫のほかには最高で一人の「乗客」しか乗せることができない。しかも容易に想像がつくように、ヤギとキャベツ(そして狼とヤギ)をその組合せだけで岸に残しておくことは避けなければならない。

どのような段取りで川を渡ればいいか

問題を適切に変形してさえやれば、解決策はすぐに「目に見える」形になる。ここから先では、それぞれの岸を「左岸」と「右岸」と呼ぶことにしよう。今、全員は左岸にいて、狼とヤギに悪さをさせないように注意しながら、全員を右岸に移したい。川を渡るときに出現しうる状況をわれわれは次のように視覚化することにしよう。そのつどの状況を黒丸で表現し、その横にちょうどその時左岸にいる「乗客」を書く(図3)。ここでφは空集合を表す。つまり全員が右岸に移ってしまった状態だ。図で、左側(あるいは右側)に並んでいる点は、農夫が左岸(あるいは右岸)にいる場合を表す。たとえば左側の列の上から二番目の黒丸は、ヤギと農夫が左岸にいる——したがってキャベツと狼が右岸にいる——状態を表している。そして「ヤギ・狼・キャベツ」はもちろ

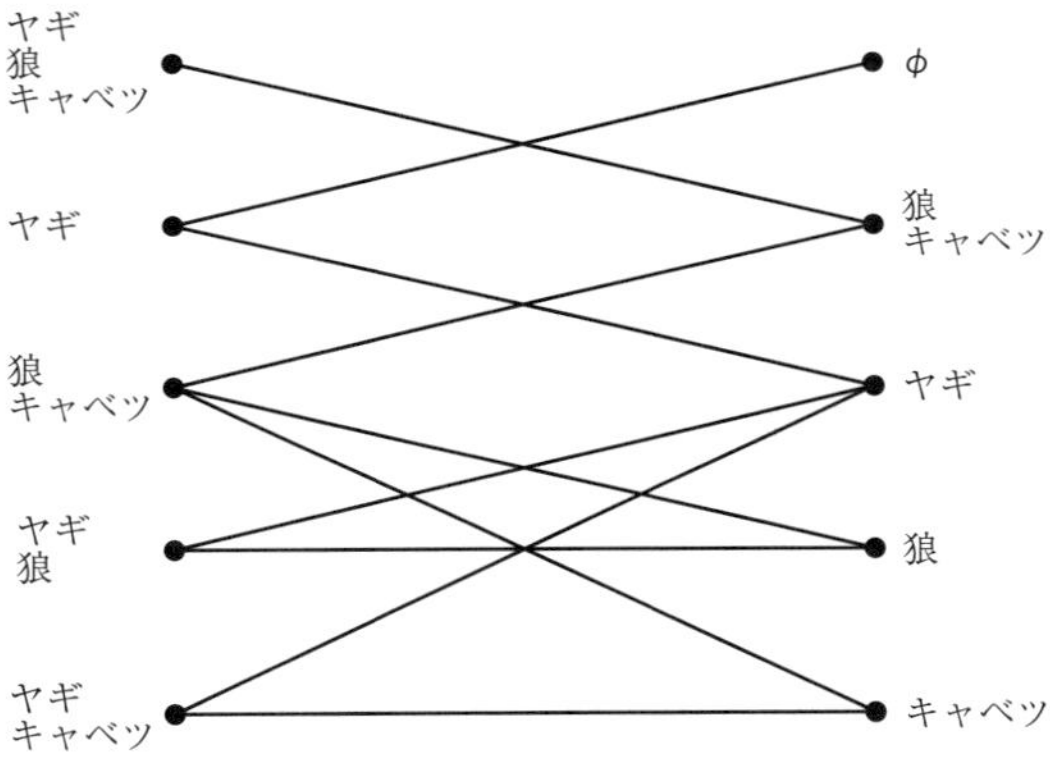

図3　農夫クイズのグラフ

んこの組合せで一方の列にいるわけにはいかない。なぜなら(農夫だけが右岸にいて、左岸にこの三者が取り残されていることになるので)キャベツが先か、ヤギが先かはわからないが、悲しい結末に終わることになるからだ。

さてそこで許容される渡り方を検討してみよう。もし農夫が危険なく一つの状態から他の状態に渡れる場合には、その間を線で結ぶことにする。たとえば農夫はヤギを連れて対岸に渡ることができるから、「ヤギ・狼・キャベツ」(農夫が全員と左岸にいる状態)(左側の一番上)から「狼・キャベツ」(左岸に狼とキャベツを残して、農夫がヤギと右岸にいる状態)(右側の上から二番目)の間は線で結ぶことができる。

グラフの言語を用いるならば、この問題は

次のように読みかえることができる。左上の状態(全員が左岸にいる)から出発して右上の状態(誰も左岸にはいない)にいたる道筋はあるだろうか。それが可能であり、またどのような中間ステップが必要かは、グラフからただちに読み取ることができる。

第31話　世界には穴があいているか

すでに長い間数学の世界で未解決のままになっている問題の解決に、クレイ数学研究所はそれぞれ一〇〇万ドルの懸賞をかけている。その中ではポアンカレ予想が一番先に解決される兆しがあるというのが大方の予測だ。そうなればそれは真にセンセーショナルな事件だろう。なんといっても何世代もの数学者たちが解決を求めながら果たせず、切歯扼腕してきた問題なのだから。

ポアンカレ予想の要点は、「空間」という現象の理解にある。しかし説明のためにはより簡単にイメージできる「面」についてまず語っておくべきだろう。本質的に異質な面というのはいったいどれくらい存在するだろうか。そのさい、何をもって「二つの本質的に異なる面」というべきかについては、すぐに合意できるだろう。つまりそれは変形によって一方から他方を作ることができないような平面でなければならない。

その意味ではミカンの表面は、地球の表面と同じ種類の面だ。しかし救命用浮き輪の表面はまったくそれとは異なる。すでに一九世紀に、あらゆる種類の面の完全なカタロ

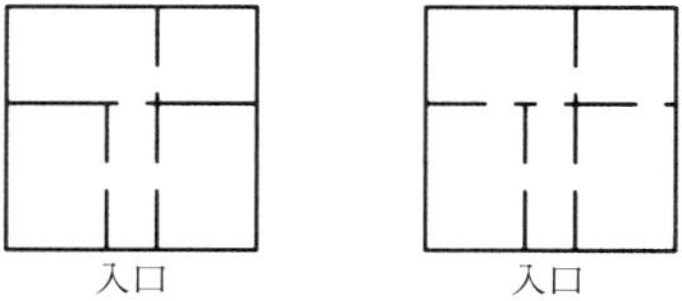

図1　あなたのアパートは単連結か？

グ作りが成し遂げられた。面の分類はそれ以降、成功のうちに完結した。

ところが三次元、つまり空間について同じことをしようとするとまったくのお手上げに思えた。ポアンカレ予想をイメージするには、一つの用語を説明しておく必要がある。それは「単連結」という概念だ。たとえばあなたのアパートを想像していただこう。家具はすべて取り除き、玄関のドアは閉め、各部屋のドアは開け放っておく。さてそこで一本のひもを用意する。あなたはそれを部屋の中に自由にめぐらし、最後に一方の端と他方の端を縛る。その上でひもを引っ張ると、すべてのひもをふたたび手元に回収できる場合もある。しかし、あなたのアパートが(図1の右のように)ぐるりとひと回りすることを許すような間取りであれば、ひもが引っかかってしまう場合もありうる。

そしてここで先の用語が登場する。もし図1の左の間取り図のようにひもが絶対に引っかかることがないような場合、その空間は「単連結」だという(これは面についてもイメージできる。球の表面はたしかに単連結だが、救命用浮き輪の表面は単連結ではない)。ポアンカレは、単連結でかつ専門的な意味で「あまり大きくない」空間は、本質的に一種類しか存在しないという予想を立てた。

これは一九〇〇年前後のことだ。それ以来、空間概念の理解には飛躍的な進歩がみられたが、ポアンカレ予想については解かれないままに残った。状況はきわめて不本意だ。なぜなら、一見するとこれよりずっと難しいはずの次元は、その間に完全に解明されてしまったからだ。とはいえ、解決されたと考えうる日が近づきつつある気配だ。こんな慎重なものの言い方が必要なのは、ロシアの数学者グリゴリー・ペレルマンによって提案された証明戦略がまだすべての細部にわたって検証されていないからだ。専門家によってあらゆる細部が精密に検証されてはじめて議論の正しさを信じるということは数学者でも同様だ。今回は専門家の世界も楽観的に見ているが、それでもこの作業には、もうしばらくの時間がかかるだろう［二〇〇六年、三つの数学者グループが結果を検証し、ペレルマンの証明の正しさが基本的に認められた。これによりペレルマンにフィールズ賞が与えられたが、本人は辞退した］。

それを待つ時間もそれなりに意義はあるだろう。というのも――もしペレルマンのアイデアが実現するならば――出発点となった問題を超える多くのものがあらためて問い直されるからだ。そのときには、あらゆる可能な空間の設計図の完全なカタログがそろうことになり、そのいずれの空間もいわば積木箱にある八つの基本積木から組み立てられることになるだろう。このことはアメリカの数学者ウィリアム・サーストンが一九七〇年代に予言したことだったが、ペレルマンに至るまでサーストン・プログラムの実現にはほとんど進歩が見られなかった。

ポアンカレ予想の解決がまた世界の構造についてのわれわれの知識に影響を与えるということも十分に考えられることだ。アインシュタインの相対性理論が、一九世紀の数学によって形成された幾何学のより深い理解から栄養分を得たように、ポアンカレのヴィジョンがいつの日か全体としての宇宙の記述に重要な役割を果たすこともありうるだろう。とはいえそれはまだ遠い先の話だ。世界が局所的には三次元であることは分かっているし、また宇宙が境界のない、しかし同時に有限のものであるという理論もある。しかし単連結であることの条件でまだ欠落している部分を理論と実験の両面から固めていくためには、まだまだ多くのことがなされなければならない。

Ⅳ

世の中は確率で満ちている

第32話 偶然は出しぬけない

あなたがベルリンやハンブルクのような大都会に住んでいるとしよう。ちょうどあなたはバスに乗っている。誰かがバスを降りる時、うっかり傘を置き忘れていく。あなたはその傘を家に持ち帰る。あなたの計画はこうだ。夕方、適当に七桁の数字を選んでその番号に家から電話をしてみよう。そうすればひょっとして傘の持ち主のところに電話がかかるかもしれない……。

これはもちろん作り話だ。こんな行動は極端にナイーブで、お笑いぐさだろう。でもいっしょになって笑うのはまだ早い。なぜといって、何百万人ものドイツ市民が、毎週土曜日になると、宝くじのロトで六つの数字を当てられるかもしれないと思っているのだから。しかもその確率たるや一三九八万三八一六分の一しかない。これは傘の例に比べても断然低い確率だ。というのも傘の場合には、電話番号の総数は「たったの」一〇〇〇万種類しかないのだから。

ロトを買う人の多くは、過去にまだあまり出ていない数字に印をつけることで、偶然を出しぬくことができると信じている。しかし残念ながら、これにはまったく意味がない。なぜといって偶然は過去のことなど何もおぼえていないからだ。たとえば「13」がもう長いこと出ていないからといって、今日13が出る確率は、他の数字が出る確率と寸分も違わない。あるいはまた、自分たちの当選チャンスを上げるべく、精巧に考えられた数字選択システムの効能に賭けている人たちもいる。しかしこの努力もむなしい。もう何十年も前に、どんなシステムを用いようが偶然をだしぬくことはできないということが、数学的に、厳密に証明されてしまっているのだ。

しかしそうはいっても、なにか役に立つことも言わないとまずいだろう。そこで最後に一つだけアドヴァイス。それは、ほんの少しの人しか選びそうもないような数字のコンビネーションを選んでおくことだ。なぜといって、そうしておけば万一当たったときに、それをさらに他の多くの当選者と分け合う必要がないからだ。もっともこれは言うは易く、行なうは難し。少し前のことだが、「正解」を射止めた応募用紙が驚くほどたくさん見つかって、多くの人が落胆の憂き目をみたものだ。

もっとも数学が何と言おうが、当選をめざしてどんなことでも試してみることができるという素敵なワクワク感のための公式などありはしない。読者の幸運を祈ることにしよう。

なぜ、よりによって一三九八万三八一六なの?

それにしても数学者は、どうしてまたロトでは一三九八万三八一六種類の数字の組合せがあると計算できるのだろうか。今、二つの整数nとkを考えよう。ただしnはkよりも大きい整数とする。そのとき、n個の要素からなる集合の中から、k個の要素からなる部分集合は何種類とりだせるだろうか。

こんなふうに言うと、ずいぶん抽象的な質問に聞こえるかもしれない。でもその答えは、われわれの問題におおいに関係がある。ロトの数字選びとは、けっきょくのところ1から49までの49個の可能性の中から六個の数字を決定するということにほかならないからだ。つまりこのケースの場合には、$n = 49, k = 6$となるわけだ。

「日常生活」の中からもっと別の例を探すのは、いともたやすい。

- $n = 32, k = 10$とすれば、スカート[ドイツで人気のあるカードゲーム。全部で三二枚のカードを用い、三人のプレーヤーにそれぞれ一〇枚ずつが配られる]で、手札の可能性の総数を尋ねていることになる。
- あるパーティのあとで一四人の人々が全員、たがいに別れの握手を交わすとしよう。その時に何回の握手が行なわれるかを知りたければ、$n = 14, k = 2$とすればよい。

さて一般的な問題に戻ろう。可能性の総数は、$n \times (n-1) \times \cdots \times (n-k+1)$を、

$1\times2\times\cdots\times k$で割った値だというのが、求める公式だ。最初の分子のほうを見ると、ちょっとビビってしまうかもしれない。でも簡単。これはnから始めて、1ずつ引いた数字を掛け合わせていき、数字が全部でk個になるまでこれを続けるということだ(この公式がどのように導かれるのかを詳しく知りたい読者は、第37話の説明を参照)。

われわれのあげた例からは、次のことが判明する。

(1)　ロトの場合には、$49\times48\times47\times46\times45\times44$を$1\times2\times3\times4\times5\times6$で割ることになる。そこから先にあげた一三九八万三八一六という数が導きだされる。

(2)　スカートの問題では、$32\times31\times\cdots\times23$を$1\times2\times\cdots\times10$で割る必要がある。すると答えは六四五一万二二四〇通りとなる。スカートの一人のプレーヤーに配られる手札には、それほど多くの場合がある(ゲーム開始時の状況の可能性の総数となると、これよりはるかに大きくなる。なぜなら他のプレーヤーのカード、スカート[中央に残される二枚のカード]、プレーヤーの位置関係によって、状況はすべて変わってくるからだ)。

(3)　握手問題についてては暗算でもできる。14×13を1×2で割ればよいのだから九一通り。

四・三七キロメートルに達するカードの束

ロトで六つの数字を当てる確率がいかにわずかなものか。これが想像できるように、冒頭では傘を忘れた人への電話の例をあげた。もちろんイメージをかき立てる方法はほかにもいろいろある。

たとえばスカートのカード一組[三二枚]を積むと約一センチの高さになる。これを出発点としよう。合計一三九八万三八一六枚のカードをそろえるには四三万七〇〇〇組のカードが必要なことは、簡単な比例計算から分かる[13983816 ÷ 32 = 436994.25]。このカードを本のように立てて横に並べていくと、全長は四・三七キロメートル[1 cm × 437000]に達する。

さてそこでロトを当てる確率にもどろう。これらのカードの中のたった一枚に印をつけておく。そして四・三七キロメートルの幅のカード列から、たまたま最初に引き抜いたカードにその印がついていたとすれば、それが、ロトで六つの数字を当てる確率と同じというわけだ。さらにスーパーナンバー[0から9までの一〇個の数字。これが一致するとさらに賞金は一〇倍になる]まで一致する確率となればカードの長さはなんと四三・七キロメートルにも達するというわけだ。

第33話　誕生日のパラドックス

人類の直観は数学的真理にうまく対応するようにはできていない。進化論的に見れば、「空間」と「時間」という、生きていくのにきわめて基本的なことを直観に刻み込んでおくことだけが重要だったのではないか。このことが特にあてはまるのは確率論の領域で、そこでは予想と数学的真理がまるでかけ離れてしまうことがよくある。

一つの有名な例は、誕生日のパラドックスといわれるものだ。今、小さな祝賀パーティで二五人の人が一堂に会したとしよう。そのうちの誰か二人がたまたま同じ誕生日であるというのはどうだろう。どちらかというとありそう？　それともありそうもない？この確率はかんたんに計算できる。それは約五七％だ。

この確率を人数の合計 n をいろいろに変えてくりかえし計算してみると、n の値がそこそこの大きさでも、その確率は予想以上に大きくなることが分かる。そのさい23という数字は特別な役割を演じる。というのは二三人の時に、誕生日が同じ人が二人いる確率はすでに五〇％を超えてしまうからだ。これは直観に反する。ほとんどの人は確率が五〇%の水準を超えるのは、一八三人――一年三六五日の半分を四捨五入した数――の時だときっと想像したことだろう。

数学なんてどうも信用ができないという皆さんは、百聞は一見にしかず。もし小学生のお子さんがいたら、次回の父母会で「自分」のクラスと、隣のいくつかのクラスの生徒の誕生日カレンダーを見ていただきたい。カレンダーの同じ日に少なくとも二人の生徒の名前が記入されているというのは、例外というよりはむしろ普通のことだということが分かるはずだ。

形式だけをとりだせば、誕生日のパラドックスというのは単に、1から365の数字から偶然にn個の数字を選んだときに、そのうちの二つが同じ数字である確率を計算するということにすぎない。365の代わりに別の数字をあてはめても計算は同じように単純だ。しかし、それはそれで別の面白い例が作れるだろう。たとえば偶然に選んだ七桁の電話番号の中に、同じ数字が二回使われている確率は、おどろくほど高い。それは九四%にもなる(このケースでは0から9までの数字から七つを選ぶことになる)。これはちょっとした賭けに使えるのではないだろうか。たとえば私は、あまり危険をおかすことなく、あなたの電話番号の中に少なくとも一つの数字が二回使われているほうに賭けることができる。

この確率はどうやって求めるのか

一般的な形で表すと、この問題は以下のようになる。n個の対象が与えられているとして、その中の一個をr回選び出す。ただし、各対象を選ぶ確率はすべて等しく、いずれの対象も重複して選べるものとする。

(例1) 誕生日。ここでの「対象」は可能な誕生日であり、したがって$n = 365$となる。そしてrはパーティのゲスト数だ。彼らの誕生日の散らばり方は、「可能な誕生日の中からの選択」だと解釈できる。

(例2) 言葉。キーボードに任意にr個のアルファベットからなる語を打ち込んだとしよう。その場合には、$n = 26$としたときの選択の問題として考察することができる。

(例3) 電話番号。これは$n = 10$(数字の総数は一〇種類)、$r = 7$(電話番号の桁数)のケースにあたる。

そこで問題は、選び出した対象がすべて異なるものである確率が、どのように計算できるかだ。というのも、それさえ分かれば、少なくとも二つの対象が同じである確率は「1引くその確率」で求めることができるからだ。たとえば「全員の誕生日が異なる確率」が〇・六五であれば、「少なくとも二人が同じ誕生日である確率」は、$1 - 0.65 =$

0.35、つまり三五%ということになる。

この問題を解くには、次の原理を用いる。

$$確率 = \frac{該当する場合の数}{可能な場合の総数}$$

この式は、可能な選択肢がすべて同じ確率で与えられている時にはいつでも使える。さて右の例では、可能な場合の総数、つまりあらゆる選び方の総数はn^rとなる。つまり$n \times n \times n \times \cdots$を$r$回繰り返した時の値だ(なぜなら$r$回の選択それぞれについて$n$通りの選択肢があるのだから)。

では次に、該当する場合の数、つまり選択した対象がすべて異なるような選び方は全部で何通りあるか。まず一個目の対象を選ぶときにはまだ問題はない。選択の可能性はn通りある。ただし二個目となると、同じものを二度選ぶことは避けなければならないので、選択肢は$n-1$通りしかない。というわけで最初の二個を選ぶ可能性の総数は$n \times (n-1)$となる。これが三個目となると、すでに二つがタブーになっている。だから三つの対象を重ならないように選ぶ可能性は$n \times (n-1) \times (n-2)$通りとなる。

こんなふうにどんどん進み、r回、すべて異なる対象を選ぶ可能性の総数は

$$n(n-1)(n-2)\cdots(n-r+1)$$

となる。

したがって「可能な場合の総数に対する該当する場合の割合」を求めるには、

$$\frac{n(n-1)(n-2)\cdots(n-r+1)}{n^r}$$

という分数の値を計算しなければならない。この式はまた次のように書き換えることができる。

$$1\times\left(1-\frac{1}{n}\right)\times\left(1-\frac{2}{n}\right)\times\cdots\times\left(1-\frac{r-1}{n}\right)$$

これで、最初に述べた結果がどんなふうに計算されたかが分かるだろう。23という数字が出てきたのは、r 個の誕生日がすべて異なる確率が $r=23$ の時にはじめて〇・五を切るからだ。実際計算してみると、

少なくとも２つの数字が一致する確率

個数	すべてが異なる確率	２つ以上一致する確率
1	1.000	0.000
2	0.900	0.100
3	0.720	0.280
4	0.504	0.496
5	0.302	0.698
6	0.151	0.849
7	0.060	0.940
8	0.018	0.982
9	0.0036	0.9964
10	0.0004	0.9996

$$\left(1-\frac{1}{365}\right)\times\left(1-\frac{2}{365}\right)\times\cdots$$
$$\times\left(1-\frac{22}{365}\right)\fallingdotseq 0.493$$

となり、0.5よりも小さくなる。しかしこれが$r=22$では、

$$\left(1-\frac{1}{365}\right)\times\left(1-\frac{2}{365}\right)\times\cdots$$
$$\times\left(1-\frac{21}{365}\right)\fallingdotseq 0.524$$

となる。

$1-0.493=0.507$なので二三人のパーティ客がいるとき、少なくともそのうちの二人が同じ誕生日である確率は五〇・七％となる（ちなみに客が三〇人になるとすでに確率は七一％、四〇人ならば八九％、五〇人ならば九七％になる）。

このように誕生日が一致する確率は、普通の人がナイーブに想像するよりも速いスピードで上昇する。この現象の理解のために二つの表を掲げておこう。

前ページの表は数字の例だ。0、1、…、9の中から重複を許して任意にr個の数字を選んだとき、その中の少なくとも二つの数字が一致する確率はどれくらいだろうか。表の一列目にはrの値が、二列目にはr個の数字がすべて異なる確率が、そして三列目には、少なくとも二つの数字が一致する確率があげられている。

たとえば任意の七桁の電話番号の中に、少なくとも二つ同じ数字が含まれている確率を知りたければ、$r=7$のところを見ればよい。確率は驚くほど高く〇・九四となる。

誕生日のパラドックス

人数	全員が異なる確率	2人以上一致する確率
1	1.000	0.000
2	0.997	0.003
3	0.992	0.008
4	0.984	0.016
5	0.973	0.027
6	0.960	0.040
7	0.944	0.056
8	0.926	0.074
9	0.905	0.095
10	0.883	0.117
11	0.859	0.141
12	0.833	0.167
13	0.806	0.194
14	0.777	0.223
15	0.747	0.253
16	0.716	0.284
17	0.685	0.315
18	0.653	0.347
19	0.621	0.379
20	0.589	0.411
21	0.556	0.444
22	0.524	0.476
23	0.493	0.507
24	0.462	0.538

次に、前ページの表を見ていただこう。これは誕生日のパラドックスのためのものだ。一列目はゲストの数、二列目はゲストの誕生日がすべて異なる確率、三列目はその逆が起こる確率(ゲストのうちの少なくとも二人が同じ誕生日である確率)を示している。

サイコロの目がすべて異なるのは?

このほか、誕生日のパラドックスの特殊なケースとして、次のような事例を紹介しておこう。n個の要素からなる集合から、重複を許して任意にn回選択したときに、各要素がちょうど一度ずつ選ばれる確率は$n!/n^n$となる($n!$は$1 \times 2 \times \cdots \times n$の省略形)。これは上の考察で$r = n$とおいたときに得られる数だ。

例1　1、2、…、9の数字の中から重複を許して任意に九回数字を選び出したとき、すべての数字が異なっている確率は

$$\frac{9!}{9^9} = \frac{362880}{387420489} = 0.000936\cdots$$

つまり、一〇〇〇分の一以下だ。

例2　六個のサイコロを同時に振って、出た目がすべて異なる確率は、

$$\frac{6!}{6^6} = \frac{720}{46656} = 0.0154\cdots$$

となる。これはロトで三つの数字が当たる確率とほぼ同じだ。またここから、六個のサイコロを投げて全部違う目が出るのは、六五回に一回のことでしかないということも推論できる(ある偶然事象が生じる確率をpとすると、$1/p$は、その事象が初めて生じるまでに期待される試行の回数を表す。$1/0.0154 \fallingdotseq 65$)。

補足。ちなみに二〇〇六年のサッカー・ワールドカップに出場したドイツチームの選抜メンバーはちょうど二三人だった。だから同じ誕生日の人がいるチャンスは十分あったわけだ。そして事実、ミーケ・ハンケとクリストフ・メッツェルダーはともに一一月五日が誕生日だ。

第34話

自分の並んだ列はいつも遅い

ここでとりあげるのは心理学に関する話題だ。みなさんは、レジや郵便局の窓口で、他の列のほうが自分の列よりいつも早く進むと感じたことがあるだろうか。安心していただきたい。これは誰にとってもそうなのだ。しかもそれはごく簡単に説明のつくことでもある。

想像していただきたいのだが――たとえば郵便局で――あなたが並びうる列がほぼ同じ長さで五つできていたとしよう。そのとき、本当に一番早く進む列をあなたがたまたま選んだ確率は五分の一、つまり二〇%だ。別の言い方をすれば、八〇%の確率で、あなたは間違った列で待っていたことになる。そしてあなたがしょっちゅうこうした状況にいれば、自分は運命によってひどいしうちを受けていると思うのは、ほとんど必然的だ。

私たちの遺伝素質の中では、数学理解はかなり不完全な形で暗号化されている。そのために期待と現実が時におおきく乖離することがあるということは、これまですでに何度も指摘してきた。たとえば累乗で増加していくものを私たちは的確に想像できない。

さて最初の問題にもどってひとこと補足をしておくと、待ち時間問題についてはすでに長い間、体系的な研究が行なわれてきた。いわゆる「待ち行列理論」は確率計算の古典的分野の一つだ。

応用範囲は多岐にわたる。待ち時間問題をいったん理解してしまえば、信号機の理想的な切り替え時間から、インターネット接続中継地点でのデータパッケージのもっとも効率的な転送など、じつにさまざまな状況でこれが応用できる。

待ち行列

待ち行列の理論は確率論の一分野だ。一つの典型例を記述するために、ある店を想像してみよう。その店には客がやってきて、店のサービスを受け、そしてまた出ていく。それはレストランでもいいし、デパートの中の合い鍵屋その他でもいい。また、この文脈では美術館や観光名所を訪れる人、あるいはウェブサイトのサーファーなども「客」とみなすことができる。

さてここで次のような仮定をする。

(1)　客は偶然に、ばらばらに到来するものとする。ここで「偶然」というのは、次の客がいつ到来するかについての予測が立てられないという意味だ(専門用語ではこれを「指数分布にしたがう到来時刻」という)[この場合、ある時刻までにどれくらい客が到来したかという情報は、それ以降に客が到来する確率に影響を与えない]。また客がグループで到来することも想定していない。にもかかわらず経験的な値として、どれくらいの間隔で客の到来が期待されるかということは分かっている。ここでは平均するとK秒ごとに一人の客が到来するものとしよう。

(2) 客が「店」に足を踏み入れると、店側は即座に応対する(つまり十分に多くの店員がいるものと仮定する)。店の中での滞在時間については、到来時刻と同じことがあてはまるものとする。つまりそれは正確には予測できない。しかしそれでも、経験的な平均値というものは存在する。ここではそれをL秒としよう。一人の「客」は、平均するとその時間だけ店に滞在し、サービスを受ける。

そのときどきの状況によって、これらの条件は多少の差があってもうまく満たされるだろう。店員がたくさんいる大きなレストランなら、客の数が多すぎないかぎり、大丈夫だ。歩行者しか入れないという名所の歴史ある教会についても、私たちの仮定はかなりよくあてはまるだろう。ただしパラメータであるKとLについてはまだ決まっていない。教会の例をとれば、Kが小さければ来訪者が多いということだし、対照的にKが大きいということは、めったに旅行者の姿を見かけないということを意味する。そしてLのほうは、この例でいえば教会の魅力の尺度になっている。Lが小さければ、旅

k	0	1	2	3	4	5
確　率	0.135	0.271	0.271	0.180	0.090	0.036

行者は平均するとわずかな時間、中をのぞきこむ程度だということだし、Lが大きければ、より長い見学時間をかけるということだ（たとえばサン・ピエトロ大聖堂！）。

さてそこで問題は、必要となる負担についての予測を立てることだ。質的には、Kが大きくLが小さければ「客」の数がほんのわずかになるだろうということは、明らかだ。しかし望むべくは、もう少し詳しい予測だ。合い鍵屋では、待ち客のためにどれくらいの椅子を用意したらよいのか。何人くらいの店員を雇うべきか、等々。確率計算によって、こうした予測が可能となる。

その計算結果は次のようになる。今、L/Kの比の値をλとすると、それは同時に店の中にいる客の平均値になるだろう。そして、ある特定の時刻に、ちょうどk人の客が店の中にいる確率は、次の式によって与えられる。

$$\frac{\lambda^k}{k!}e^{-\lambda}$$

ここで$k!$は、$1\times2\times\cdots\times k$（$k$の階乗）を、また$e=2.718\cdots$は自然対数の底を表す。

一例を挙げよう。今、$K = 60$, $L = 120$ とする。つまり六〇秒ごとに一人の客がやってきて、平均一二〇秒間店にとどまる。つまり $\lambda = 2$ だ。このとき、ちょうど k 人の客が店にいる確率は、前ページの表のようになる。

したがって椅子が四つ用意してあれば、客が立っていなければならない状況はめったに生じない。最大限四人の客が店にいる確率は $0.135 + 0.271 + 0.271 + 0.180 + 0.090 = 0.947$。つまり五人以上になる確率は $1 - 0.947$(すなわち五%ちょっと)ということだ。

第35話

変更すべきか、せざるべきか――ヤギ問題

確率計算はパラドックスの宝庫だ。ここには「健全な人間の理性」に逆らうような命題が山ほどある。何年か前に世の中に広く知れわたった、いわゆるヤギ問題もその一例だ。

もう一度、記憶を新たにしておこう。あるゲーム番組の司会者が、最終戦に勝ち残った回答者たちに三つのドアのうちから一つを選んでもらう[アメリカのテレビ番組 Let's make a deal。司会は通称モンティ・ホール。そこから、これはモンティ・ホール問題ともよばれる]。一つのドアの向こうには、めざす賞品が隠れている。他の二つの背後には、はずれの印にヤギが置かれている。回答者はまずドア1を選ぶ。すると司会者は、ドア3を開けてみせる。そこにはヤギが置かれている。さてここからがみそだ。回答者には、もう一度変更のチャンスが与えられる。つまりドア1をやめて、ドア2に変更したいかどうかを聞かれるのだ。賞品が隠れているドアが、この一連の操作によって別段変わったわけではないという見地に立てば、「変更の要なし」となる。しかし、ドア3が開かれ

たことによって新しい状況が出現したという見地に立てば、「変更の要あり」となる。そのどちらの答えが正しいかをめぐって、あらゆる分野の数学者の間で意見が割れた。この問題は著名な雑誌にも取りあげられ、数学者以外の人たちによっても熱心に議論された。「変更の要あり」派は「変更の要なし」派の意見を、幼稚、笑止千万、非学問的と一蹴した。そして逆もまたしかり。この議論はさらに性差をめぐる問題にまで発展した。

　というのも、「変更の要あり」と主張した最初の一人は、アメリカの女性ジャーナリスト、マリリン・ヴォス・サヴァントだったからだ。彼女はずばぬけてＩＱ［知能指数］が高いことで有名になった女性だ。ところが数学者の陣営から彼女に対して、この問題には口をはさまないほうがいいと忠告する声が少なからず上がった。どっちみち女性の手に負える問題ではないから、というのがその理由だった。

　さて、どちらが正しかったのか。じつはマリリンが正しかったのだ。回答者は選択を変更すべきだ。なぜならその変更によって、賞品を獲得するチャンスは、$1/3$から$2/3$に増えるからだ（その証明は以下を参照）。

分析――なぜ変更するほうが有利なのか？

「ヤギ問題では、もう一つのドアに変更するほうが有利だ」という命題は、真理に近づくための最初の一歩でしかない。この命題を理解し、最後には真理の全貌を知ろうと思うならば、この問題をさらに詳細に分析してみる必要がある。この目標に到達する道はそう簡単ではない。というのもこれはかなり複雑な現象だからだ。

［確率］

最初に私たちは確率論の基本概念について少しばかり検討しておく必要がある。幸いここでは、「そもそも確率とは何か」という問題について哲学的な議論をする必要はない。

まずは、偶然的結果をうみだす一つの操作を思い浮かべてみよう。たとえばサイコロを振る、でもいいし、よく切ったトランプの中からカードを一枚抜き出す、でもいい。この操作を非常に多くの回数繰り返すと、そこにある種の「傾向」が観察されるようになる。サイコロを振った回数のおよそ六分の一の回数で「4」の目が出るとか、カードの山からおよそ四回に一回ハートのカードが引き出されるといったことだ。この時、「サイコロを振ったとき4の目が出る確率は六分の一だ」、「ハートのカードを引く確率は四分の一と見られる」などという言い方をする。一般的に言うとつぎのようになる。

ある偶然的選択によって生じうる事象Eの確率とは、以下の性質を持つ数値p

をいう。

すなわち、偶然的選択を非常に多くの回数反復すると、全体回数に対してpの割合で事象Eが実現する。少なくとも近似的にその値に一致し、しかも回数を増やせば増やすほどその値に近づいていく。そのとき$P(E) = p$と書く。大文字のPは確率［英語の probability の頭文字］を表す。

上の例ならばP（4の目）は$1/6$、P（ハート）は$1/4$となる。

割合はつねに0と1の間にあるので、確率もまたその間におさまる。またこの出発点から、いくつかの単純な性質も容易に導き出される。たとえばある事象Eが、別の事象Fが満たすべき条件をすべて満たしているとき、Fが生じる確率はEが生じる確率より大きくなるのが普通で、少なくともそれより小さくなることはけっしてない。たとえば4（事象E）は偶数（事象F）だ。したがってサイコロの目が偶数になる確率（＝0.5）は、4が出る確率よりも大きくなることには、なんの不思議もない。

ヤギ問題には多くの確率がからんでいる。たとえば賞品が車だとして、それがどんな確率で各ドアの後ろに置かれているか、というのは興味をそそられる問題だろう。三つのドアのそれぞれに同じ確率（つまり$1/3$）を想定していいものだろうか。それとも舞台の入り口に近いドアのほうが選ばれる確率が高いだろうか（なんといっても、そんな車はそう簡単には引きずれないのだから)。

[条件付き確率]

次に考えなければならないのは「情報は確率を変化させる」という重要な原理だ。一例を挙げよう。サイコロで4の目が出る確率は1/6だ。しかし、サイコロを振り終わってから(しかも、その結果が知らされる前に)、出た目は偶数だったと知らされれば、話は違ってくる。つまりその数は、2、4、6のいずれかであることは明白なので、4の目が出ている確率は1/3に上昇する。あるいはその情報が「出た目は奇数だ!」と告げる可能性だってある。そうなれば、それは4であるはずはなく、確率は0に落ちてしまう。

要するに、追加情報があれば確率はいかようにも変わりうる、ということだ。同じであり続ける場合もあれば、上がる場合も、下がる場合もある。

同じ現象を、私たちは実人生からも知っている(それどころか、新しい情報にもとづいて確率を正しく調節するという機能は人類の進化史の中で非常に重要な役割を果たし、その間に私たちの脳にがっちりと「組み込まれている」とさえ私は主張したい)。たとえばあなたが毎日同じ道を車で通勤しているとしよう。左車線は車の流れがいくぶんスムーズだ。だからあなたとしては、できれば左車線を走りたい。しかし、その時に知っておきたいのは、すぐ前の車が次の交差点で左折するかどうかだ(もしそうであれば、車線を変更しておいたほうがいい。あなたは直進したいのだから)。それはめったには起こらない。およそ二〇台に一台くらいの車しか左折しない。だから左折する確率は$\frac{1}{20}$と想定できる。しかし、時には、前を走っている車のナンバーが、ちょうど次の交差点を左折した先にある町のナンバーだということが起こりうる。そうなれば、この場合の「左折」の確率はまちがいなくより大きい値になるだろう。

全体をもうすこし形式的に記述すると、議論が進めやすくなるだろう。Eがある事象だとすると、$P(E)$はすでに述べたようにEが生じる確率を表す。今、Fをなんらかの追加情報だとしたとき、Eの新たな確率(つまりFを考慮に入れた時の確率)を$P(E|F)$と書くことにする。これをFのもとでのEの条件付き確率とよぶ。

先の例でいえば、Eは4の目が出る事象、Fは出た目が偶数だという情報だ。この例では、$P(E|F) = 1/3$になることは、容易に納得できるだろう。

一般的には以下のようになる。まず$P(F)$(Fが起こる確率)と、$P(E \text{ and } F)$(EとFが同時に起こる確率)を確定する。このとき$P(E|F)$は以下のように定義できる。

$$P(E|F) := \frac{P(E \text{ and } F)}{P(F)}$$

上に挙げた最初の例で確かめてみよう。$P(F) = 1/2$。なぜならサイコロの目の半数は偶数だからだ。「E and F」というのは、出た目が4に一致し、かつ偶数であるという事象だ。この二つの条件を共に満たす目は4しかない。したがって$P(E \text{ and } F) = 1/6$。こうして実際に次の結果が得られる。

$$P(E|F) = \frac{P(E \text{ and } F)}{P(F)} = \frac{1/6}{1/2} = \frac{1}{3}$$

別の例として、一般に行なわれているスカート〔ドイツで普及しているトランプ遊び。三二枚のカードを用いる〕をとりあげてみよう。Eは「スペードのエースを引く」事象とするとそれが実現する確率は$1/32$だ。なぜならこのカードは一枚しかないのだから。しかし誰かが、今引いたのは黒のカードだとばらしたら、それがスペードのエースである確率はとたんに$1/16$になる。というのもFを「黒のカードを引く」事象とするとその確率は$P(F) = 1/2$(カードの半分は黒のカード)、そして$P(E \text{ and } F) = 1/32$(スペードのエースは$E$と$F$の条件を共に満たす唯一のカード)で、ここから次の結果が得られるからだ。

$$P(E|F) = \frac{P(E \text{ and } F)}{P(F)} = \frac{1/32}{1/2} = \frac{1}{16}$$

[ベイズの公式]

面白いことに、条件付き確率では、いわば条件と結果を入れ替えることもできる［Fの下でのEの確率から、Eの下でのFの確率を求めるなど］。そこで使われるのがベイズの公式だ。それを使うと、たとえば日常生活にも見られる次のような問題が解決できる。

あなたの友だちが何人かあなたの家にやってくる。彼らが帰った後で、あなたは自分のお気に入りのＤＶＤがなくなっていることに気づく。あなたは、他人のものを断りなく「拝借」していく傾向が、友だちごとにさまざまに異なっていることを知っている。さてここからあなたは誰を疑うべきだろうか。

ここでの私たちの目的のためには、ベイズの公式を次のようにまとめておくのが一番便利だろう。まず一つの偶然試行を考える。そしてそこで生じうるあらゆる事象が、あらかじめ定められた三つのクラスのいずれかにかならず分類されるものとする。それを今、B_1、B_2、B_3としよう。ここで重要なことは、この三つがたがいに重なり合わないと

$$P(B_1|A)=\frac{P(A|B_1)P(B_1)}{P(A|B_1)P(B_1)+P(A|B_2)P(B_2)+P(A|B_3)P(B_3)}$$
$$P(B_2|A)=\frac{P(A|B_2)P(B_2)}{P(A|B_1)P(B_1)+P(A|B_2)P(B_2)+P(A|B_3)P(B_3)}$$
$$P(B_3|A)=\frac{P(A|B_3)P(B_3)}{P(A|B_1)P(B_1)+P(A|B_2)P(B_2)+P(A|B_3)P(B_3)}$$

いうことだ。

たとえばサイコロの例をとれば

B_1＝1または2の目が出ること

B_2＝3または4の目が出ること

B_3＝5または6の目が出ること

と定義できる。

さてそこで、この試行によって起こりうる事象をなにか一つ考え、それをAと名付けよう（たとえば「素数の目が出ること」）。ここで条件付き確率$P(A|B_1)$, $P(A|B_2)$, $P(A|B_3)$と、確率$P(B_1)$, $P(B_2)$, $P(B_3)$がすでに分かっているとすれば、条件と結果を「入れ替えた」条件付き確率、すなわち$P(B_1|A)$, $P(B_2|A)$, $P(B_3|A)$は、上の表に示した式によって求めることができる。

これがベイズの公式と呼ばれるものだ。三つのクラスではなくn個のクラスB_1、B_2、…、B_nに分ける場合には、

B_1, B_2, B_3 については先の例をそのまま使うことにして(B_1 =「1 または 2」など)，A としてたとえば「サイコロの目が 4 以上」という事象をとりあげよう．先に挙げた計算式からまず次の結果が得られる．

$P(A|B_1) = 0$［目が 1 または 2 の時，目が 4 以上になる確率］

$P(A|B_2) = 1/2$［目が 3 または 4 の時，目が 4 以上になる確率］

$P(A|B_3) = 1$［目が 5 または 6 の時，目が 4 以上になる確率］

また $P(B_1) = P(B_2) = P(B_3) = 1/3$ となるのは明らかだ．

さてここで，サイコロが振られる．その結果が A だとしよう(すなわち目は 4 以上)．それが —— たとえば —— B_2 に収まっている確率はどのように求められるだろうか．ここでベイズの公式が使える．

$$P(B_2|A)$$

$$= \frac{P(A|B_2)P(B_2)}{P(A|B_1)P(B_1) + P(A|B_2)P(B_2) + P(A|B_3)P(B_3)}$$

$$= \frac{(1/2) \times (1/3)}{0 \times (1/3) + (1/2) \times (1/3) + 1 \times (1/3)} = \frac{1}{3}$$

まったく同じようにベイズの公式を用いれば，$P(B_1|A) = 0$, $P(B_3|A) = 2/3$ となることが計算できるだろう(このケースなら直接計算しても答えは簡単に得られる．そしてもちろんそれは同じ結果になる)．

$$P(B_i|A)=\frac{P(A|B_i)P(B_i)}{P(A|B_1)P(B_1)+\cdots+P(A|B_n)P(B_n)}$$

となる。ただし $i=1,2,\cdots,n$。

この式の証明は、ここではやめておこう。ただ理解を助けるために一つの例を挙げておく(右ページのコラム参照)。

ヤギ問題の最善策——標準ヴァージョン

これだけ準備をしておけば、ヤギ問題でドアの選択を変更したほうが有利かどうかを決定することができる。まずは賞品の車が隠れている確率について考えよう。以下では次の記号を用いることにする。

B_1＝車はドア1の後ろに隠れている。
B_2＝車はドア2の後ろに隠れている。
B_3＝車はドア3の後ろに隠れている。

私たちとしては、この三つの可能性がすべて同じ確率をもつという立場をとることにしよう。すなわち

$$P(B_1) = P(B_2) = P(B_3) = \frac{1}{3}$$

となる。これはひょっとするとあまりに世間知らずな仮定かもしれないが、これを裏切る事実がまだ知られていない以上、まあいったんはこの仮定から出発してみるとしよう。

さてここで決断をうながす緊張の一瞬が訪れる。回答者はドア1を選ぶ。司会者はドア3の向こうにヤギがいるのを見せる。そして回答者がドア1からドア2に選択を変更すべきかどうかは、はっきりしない。以下がその分析だ。

「司会者がドア3の向こうに隠れているヤギを見せる」という事象をAと呼ぶことにしよう。この情報を用いて、車はどちらかといえばドア1の向こうにありそうか、それともドア2の向こうにありそうかという問いに答えることが、ここでのわれわれの関心事だ。さきに説明した概念を用いれば、$P(B_1|A)$と$P(B_2|A)$の二つの値の関係を知りたいわけだ。はたしてこの二つの値は等しいだろうか(それなら変更しても意味がない)、それとも後者のほうが大きいだろうか(それなら変更する意味がある)。

これはベイズの公式が使える典型的な例だ。それを使うにはまず$P(A|B_1)$, $P(A|B_2)$, $P(A|B_3)$の値を求める必要がある。

$P(A|B_1)$ はどんな値になるだろうか。言葉で言えば、車がドア1の背後にあるとした場合に、司会者がドア3を開ける確率はどうなるか、ということだ。もちろん司会者はドア2を開ける可能性もある。ここでは、司会者がドア2を開ける確率とドア3を開ける確率は等しいと仮定してみよう。したがって $P(A|B_1) = 1/2$ とおく。

$P(A|B_2)$ は簡単に求められる。車はドア2の後ろにある。さてその時、ドア3が開けられる確率は？　それはまちがいなく1だ。なぜといって司会者はドア2を開けることができないからだ(そこには車が置かれている)。そしてドア1もまたタブーだ。それはすでに回答者によって選ばれている。

同じように $P(A|B_3)$ も簡単に得られる。それはもちろん0だ。なぜなら車の置かれているドアはどうしても開けるわけにはいかないからだ。要約すると次ページのコラムのようになる。

結論。$P(B_1|A)$ と $P(B_2|A)$ は、それぞれ「変更しない」、「変更する」という戦略を立てたときに車を獲得する確率に等しいので、変更するほうが獲得チャンスは二倍になる。

ヤギ問題――真理

右の分析を丹念に追いかけてきた人なら一つのことに気づいたことだろう。つまり

$$P(A|B_1)=\frac{1}{2},\quad P(A|B_2)=1,\quad P(A|B_3)=0$$

ここまでくれば，ベイズの公式を使って次のように計算できる．

$P(B_1|A)$

$$=\frac{P(A|B_1)P(B_1)}{P(A|B_1)P(B_1)+P(A|B_2)P(B_2)+P(A|B_3)P(B_3)}$$

$$=\frac{(1/2)\times(1/3)}{(1/2)\times(1/3)+1\times(1/3)+0\times(1/3)}$$

$$=\frac{1}{3}$$

$P(B_2|A)$

$$=\frac{P(A|B_2)P(B_2)}{P(A|B_1)P(B_1)+P(A|B_2)P(B_2)+P(A|B_3)P(B_3)}$$

$$=\frac{1\times(1/3)}{(1/2)\times(1/3)+1\times(1/3)+0\times(1/3)}$$

$$=\frac{2}{3}$$

「変更したほうが得策だ、車を獲得する確率は二倍になる」という命題には、いくつかの前提条件が必要だということだ。たとえば私たちは$P(A|B_1)=1/2$とおいた。しかし考えてみると、これは絶対ではない。ひょっとすると司会者は、可能なときには(つまり車が置かれていない時には)いつでもドア3を選ぶことにしているかもしれないからだ。一般的に調べてみるためにかりに$P(A|B_1)=p$とおいてみよう。ただしpは0以上1以下の数とな

る。その時、私たちの分析に従えば次の式が成り立つ。

$$P(B_1|A)=\frac{p}{1+p},\quad P(B_2|A)=\frac{1}{1+p}$$

たしかに、このように書いてもやはり変更するほうが有利だ(なぜなら最初の数値のほうが大きくなることはけっしてないから)。しかしpの値によっては、両方の差がとるに足らないものになる可能性はある。

また、ここまで述べてきたのとは別の第二のアプローチも可能だ。たとえば回答者は、司会者の好みなどとはまったく無関係に、必ず選択を変更するという戦略を立てることもできる［最初の分析では回答者は新しい状況の下であらためて二度目の選択をすることになっていたが、この戦略ならその選択は自動的になされる］。そのときは次のように議論を組み立てることができる。

- 最初の選択によって(したがって、変更せずにその選択にとどまった場合にも)車を獲得する確率は$1/3$だ。なぜなら車を隠すとき、すべてのドアは同じ確率で選ばれているからだ。
- 必ず変更することにしておけば、最初の選択が間違っていたときには、いつでも車を獲得できる。したがってその確率は最初の選択が間違っていた確率に等しく $2/3$ となる。

これはもう少し精密化することができる。たとえば車がドア1、ドア2、ドア3に隠れている確率をそれぞれ p_1、p_2、p_3 とする。そのとき——最初ドア1を選んだ場合——「変更せずに車を獲得する」確率は p_1 となる。そして「変更して車を獲得する」確率は $p_2 + p_3$ となるというわけだ。

こうなると少し頭が混乱する読者もいるかもしれない。なぜといってこの二つ目の分析だと司会者の態度決定がなんの役割も果たしていないように見えるからだ。やはりよくよく考えてみないと、この二つの行き方がともに正しいということは見抜けない。

第一の分析では、「ドア1が選ばれました。ドア3(ヤギが置かれている)が開かれました。さてこの状況をもとに確率を計算してください」というのが出発点の状況だった。第二の分析では、状況は異なっている。司会者の行動はまったくとるに足らない。選択の変更はいずれにしても行なわれる。それでもなお、異なった情報が原因で異なった確率が生じてくるということを直観的に洞察するのは、とても難しいことだ。

第36話

数字のはじめは2より1のほうがずっと多い

皆さんはこれまで、あれっと思ったことがないだろうか。数字が並んでいる表を見ると、たいていの場合、平等原則は守られていない。本来ならば最初に1がくる場合、2がくる場合など、すべて同じ頻度だと想定すべきだろう。ところが一般にはそうではない。これはベンフォードの法則と呼ばれ、物理学者フランク・ベンフォード(一八八三―一九四八)にちなんで命名されたものだ。ただしここで「法則」という表現は字義どおりに受け取ってはならない。たとえば――自然によって厳格に守られている規則を記述した――ニュートンの力学法則などとは異なり、ベンフォードの法則はどちらかといえば性質の説明を試みたものといえる。

これは「偶然はすべての痕跡をぬぐい去る」というテーマの一つのヴァリエーションだ。説明の手始めとして、簡単なサイコロゲームを想像していただきたい。「すごろく」のように並んだマス目にそれぞれ0、1、2、…という番号を打っておく。あなたは0から出発し、サイコロを振っては、その出た目の数だけ前に進む。たとえば最初に1、次に6、その次に2が出たとすると、まずは一番目のマス目に進み、次は七番目(＝1＋6)、その次は九番目(＝7＋2)のマス目に進むことになる。

このときたとえばある回に、ちょうど一〇一番目のマス目に進む確率が、一〇二番目のマス目に進む確率よりも高いかどうか、などということは決められない。「ずっと先のほうにいけば」あるマス目にたどりつくチャンスは、すべての数を通じてほぼ同じになる。もともとサイコロはフェアではないにしても、少しでもゲームが進めば、どのマス目にたどりつくかの予測はほとんど不可能になる。

ベンフォードの法則に戻ろう。今あげた例は、偶然事象の加法的な影響を調べるものだった。しかし実際には、ある値に影響を与えるファクターは乗法的に効いてくることが多い(降雨量が二倍になると、灌漑用水量が二倍になるといった例。この場合の2は足し算ではなく、掛け算の要素になる)。ただし、ちょっとしたテクニックを使うと、これも足し算に還元できる。つまり対数に移しかえれば、乗法的問題が加法的問題に移行するのだ。こうして、ある値が偶然的影響を掛け合わせたものに従属している場合、その値の対数は一様な分布をしていなければならないという命題にたどりつく。そしてこれは、値そのものについていえば、1から始まる数は2から始まる数よりもずっと頻繁に、また2から始まる数は3から始まる数よりも頻繁に登場するということを意味している。

そんなことは信じられない？　それでは適当な――たとえば四桁の――数を思い浮かべていただこう。その頭に1を書き加えて、この(五桁の)数をグーグルに打ち込んで検索していただきたい。次に、1の代わりに2、あるいはその他の数を書き加えて同じことをしてみよう。ヒット件数はそのたびに下がってくる。これを見ればどんなに疑い深い読者でも納得してくれるはずだ。

	ヒット数	百分率(%)	理論値
13972	389000	30.0	346000
23972	232000	17.6	203000
33972	136000	12.5	144000
43972	117000	9.7	112000
53972	71400	7.9	91000
63972	65300	6.7	77000
73972	44600	5.9	68000
83972	54100	5.1	59000
93972	42300	4.6	53000

グーグル実験

ベンフォードの法則が発見されたのは、ある人が図書館で対数表を丹念に調べていたのがきっかけだったといわれている。当時はまだ、複雑な乗法計算をするのにこの表が必要だった。その人は最上桁が小さい数字が載っているページのほうが、大きい数字のページよりもずっと手あかにまみれていることを不思議に思った。それからベンフォードがこの問題を体系的にとりあげ、彼の法則ができ上がったのだ。すでに述べたように、これは本当の意味での「法則」

ではない。またここで紹介した説明の試みも、この現象を理解するための多くのヴァリエーションの一つでしかない。

しかしこうした法則が存在することには、どうも疑いの余地はない。前ページの表には二〇〇五年一二月に行なったグーグル・テストの結果が示されている。ここでは偶然に選んだ3972という数の頭に1から9までの数字を加えた数を用いた。表には実際のヒット件数と理論値(百分率および実数値)をそれぞれ示してある。

実際のヒット数は、ベンフォードの法則が予測する値に比べて、表の最初のほうではいくぶん高く、表の終りのほうではいくぶん低く出ている。しかし観察された結果は、この理論の質的な正しさをよく裏付けるものになっている。

第37話

組み合わせてごらん！

組合せ論は古くからある数学の一分野で、数々の領域で重要な役割を果たしている。組合せ論といっても、とりあえずはきわめて単純なことで、可能性の総数を数えるということだ。たいていは恐ろしく巨大な整数が登場する。たとえばこんどの土曜日のロトで六つの数字に印を付けるとき、全部で何通りの付けかたがあるかは、どうやって計算できるだろうか。

それには、ある容器の中に1から49までの番号が付いた四九個の玉が、よく混ざった状態で入っている図を思い浮かべるといい。あなたはそこに六回、手を差し入れて玉を取り出し、その数字を順にメモしていく。

この取り出し方にはどれくらい多くの可能性があるだろうか。まず、最初の玉については四九通りある。しかし二回目になると四八通りしかなく、三回目にはさらに四七通りになる。だから全体では49×48×47×46×45×44通りの取り出し方がある。しかし、ちょっと待った。この取り出し方が、すべて異なる数字選択になるわけではない。

たとえば誰かがある特別な六つの玉を取り出したとしよう。これとまったく同じ数が、単に異なる順番で取り出された場合、数字選択はどちらも同じだ。たとえば2、3、34、23、13、19という取り出し方と、23、2、34、3、13、19という取り出し方は、同じ数字選択となる。では六つの玉をいろいろな順序に並べ変える仕方はいくつあるかといえば、それはちょうど6×5×4×3×2×1通りある。つまり一番目に置く玉の可能性は六種類、二番目は五種類などとなるからだ。したがって番号選択の組合せの総数を求めるには、49×48×47×46×45×44を6×5×4×3×2×1で割ってやらねばならない。こうしてすでに登場した一三九八万三八一六通りという数字が得られる。

この数を数えられれば、確率を計算することも可能だ。同じ確率で起こりうる一三九八万三八一六通りの可能性のうちのたった一つの可能性だけが一等賞になる。だから、六つの数すべてが当たる確率は一三九八万三八一六分の一、これは残念ながらがっくりくるほど小さい数だ。

過去何世紀もの間に、見通しがきかないほど種々雑多な組合せ論による計算結果が集められてきた。なかには数学の素人にも関係しうる例が少なからずある。たとえばあなたが今晩ある夫婦同伴のパーティを計画する。ご婦人方には自分の名前をカードに書き入れてもらい、そのカードをパーティゲームの相手を決めるために、出席している紳士方にくじのように引いてもらう。するとかなりの確率で、少なくとも一組は、毎日の生活でもパートナーである人同士が組み合わされるということは、さして驚くに値しない。つまりその確率はおよそ六三％になるのだ。

数を数えるさいの四つの根本問題

数を数えるときには、つねにある種の選択肢の総数が問題になる。つまりn個の要素からなる全体から、k個の要素を取り出すという作業だ。ただし、それを始める前に二つの原則を決めておく必要がある。一つは取り出す順序を問題にするかどうか、そしてもう一つは取り出す時に、重複を許すかどうか、という二点だ。

この二つの点に対する回答を組み合わせると、全部で四つのケースが区別されることになる。

［ケース1］　順序を問題にし、重複を許す

一例としては、四つのアルファベットからなる語の総数を求める計算などがある。まず順序は重要だ。OTTOがTOTOとは違う単語であることは言うまでもない。また重複も許される。同じアルファベットを（OTTOの場合のように）時には繰り返し用いる必要があるからだ。

この総数は簡単に求めることができる。k回の選択のそれぞれについて、おのおのn

個の可能性がある。したがって総数は$n \times n \times \cdots \times n = n^k$となる。アルファベットの場合には$n = 26$、上の例では$k = 4$だから、四字からなる語の総数は$26^4 = 456,976$となる(ただしこの中には、OTTOという単語だけではなく、EXXYといった意味のない組合せもすべて含まれている)。

別の例としては、0、1、…、9の一〇個の数字から四つの数字を選んで四桁の番号を作るというケースがある。ここでも順序が重要なこと、そして同じ数字が重複して使われうることは明白だ。この場合には$n = 10$, $k = 4$、すなわち$10^4 = 10000$通りの可能性がある(これがつまり、キャッシュカードの四桁の暗証番号の総数ということになる。これはそれほど大きな数ではない。ちょっとした大きさの都市ならどこでも、同じ暗証番号を使っている人が少なくとも二人はいるものだ)。

また個々の選択のステップごとに選択肢の数が異なる場合にも、この計算方法を応用すればよい。たとえばオードブルが五種類、メインディッシュが七種類、デザートが三種類あったとき、コース料理の組合せは全部で何通りできるだろうか。これは$5 \times 7 \times 3 = 105$と計算すればよい。その理由は、先に挙げた例とまったく同じだ。

[ケース2] 順序を問題にし、重複を許さない

典型的な例($n = 20$, $k = 11$)としては、二〇人の生徒から、ゴールキーパー、レフト

バックなど、サッカーチームの一一人のメンバーを選抜する仕方などが挙げられる。選抜の順序は重要だ。なぜならキーパーがとつぜんミッドフィルダーに回されたりすれば、まったく別なチームになってしまうからだ。また重複選択が不可能なことも自明だ。同じ人間がキーパーをやりながらミッドフィルダーを演じることはできないからだ。あるいは、一つの協会の理事会メンバー、たとえば会長、副会長、書記、会計などを決めるさいの可能性も同じように計算できる。ここでも順序は重要だ。なぜなら、H氏が会長でB女史が会計を務める理事会は、その逆の配置を行なった理事会とは別の運営方針になるだろうからだ。またここでも同じ人が二つの役職を兼務することはできないので、選択の際の重複は不可能だということだ。

このケースでも計算は簡単だ。最初の選択ではまだn通りの可能性がある。次は$n-1$通り(なぜなら最初に選ばれた対象はもう選ぶことができないから)、その次は$n-2$通りなど、これがk回選択されるまで続く。その総計として得られるのは、毎回選びうる選択肢の積、すなわち次の式だ。

$$n \times (n-1) \times \cdots \times (n-k+1)$$

(最後の因数が、$n-k+1$となっていることから、確かにk個の因数が掛け合わされていることが分かる。)

さきのサッカーの例ならば、計算は次のようになる。

$$20 \times 19 \times \cdots \times (20-11+1) = 20 \times 19 \times \cdots \times 10 = 6704425728000$$

つまり、六兆七〇〇〇億通り以上の異なったチームを作りうるということだ。

そして協会の理事の例では、八人が四つの役職に立候補しているとすれば、理論的には $8 \times 7 \times 6 \times 5 = 1680$ 通りの異なった理事会を作りうる。

［ケース3］順序は問題にせず、重複は許さない

これは間違いなく一番ひんぱんに生じる状況だ。これについてはすでに、一つの特殊ケースについて総数を計算してきた。そこではロトの番号選択(四九個の数字から六つを選ぶ)を取りあげた。それ以外の例も簡単に見つけることができる。

- スカート［三二枚のカードから三人に一〇枚ずつ配るカードゲーム］の最初の手札の可能性は何通りか(32から10を取り出す)。
- n人の人々全員が互いに別れの挨拶を交わし合うとき、その挨拶は全部で何度行なわれることになるか。これはn人からなる全体の中から、二人を取り出す仕方と同じことだ。したがって $k = 2$ のケースとなる。

• あなたは今、まだ読んでいない本を八冊持っていて、その中から四冊を休暇旅行に持っていきたいと考えている。その選択は何種類あるだろうか。

解決方法はすでにロトの例で述べた。一般に n から k を取り出す仕方は次の式で与えられる。

$$\frac{n\times(n-1)\times\cdots\times(n-k+1)}{1\times2\times\cdots\times k}$$

この式は数学ではよく登場するので、これを表す次のような独自の記号が導入されている。

$$\binom{n}{k}=\frac{n\times(n-1)\times\cdots\times(n-k+1)}{1\times2\times\cdots\times k}$$

これを n から k を選ぶ組合せ数、あるいは「二項係数」とよんでいる。

これを使えば上の例についても計算できる。スカートの場合には、六四五一万二二四〇通りの手札があり、二〇人の人が別れの挨拶をする場合には、一九〇回の握手・抱擁が行なわれることになる。

［ケース4］　順序を問題にせず、重複を許す

これはめったに必要とされないケースだ。一つの例としては、(たがいに区別されない)k個の玉を、(たがいに区別される)n個の引き出しに分けるという作業が挙げられる(図1)。先ほどまでの例ではn個の数字からk個を「取り出す」という作業だったが、ここでは次の玉をどこに収めるかということが決定されねばならない。その際、一つの引き出しには複数個の玉が入りうる。これは選択の際に重複を許すということを意味する。そしてまた、一つの玉が引き出し2に入り、別の玉が引き出し4に入る場合と、ちょうどそれが逆になった場合は同じものとみなす(たとえば引き出しが1から4まであり、三つの玉をそれぞれに入れる場合、三つの玉を引き出しの番号で表すと、1-1-1(三つとも引き出し1に入れる)、1-2-4(引き出し1と2と4に一個ずつ入れる)などとなる。この時、1-2-4、1-4-2、2-4-1などは同じケースとみなす。したがってこれは、1から4までの数字から、順序を問題にせず、重複を許して、三つの数字を取り出すという課題と同じだ)。この可能性の総数を求めるには、かなりうまいテクニックが必要だが、ここでは結果だけを示しておこう。これは次のような二項係数になる。

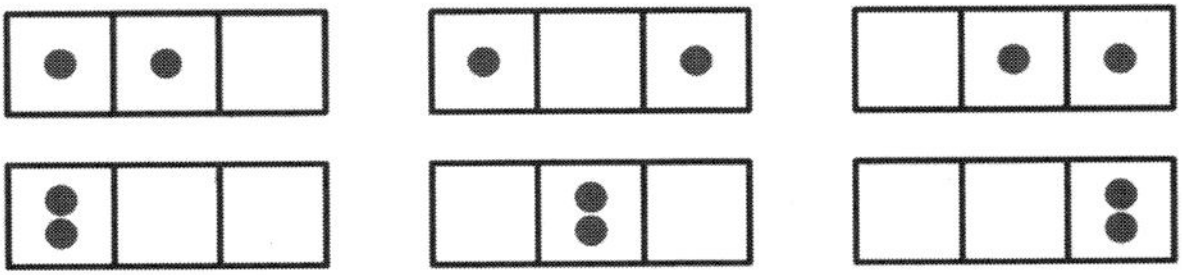

図1　2つの玉を3つの引き出しに入れる場合
$\binom{3+2-1}{2} = \binom{4}{2} = 6$ 通り

$$\binom{n+k-1}{k}$$

したがって、二個の玉を五つの引き出しに収める方法は

$$\binom{5+2-1}{2} = \binom{6}{2} = \frac{6\times 5}{1\times 2} = 15$$

通りある。また六個の玉を一〇の引き出しに収める方法は、

$$\binom{10+6-1}{6} = \binom{15}{6} = \frac{15\times 14\times 13\times 12\times 11\times 10}{6!} = 5005$$

通りとなる。

こうした問題は一見すると現実とは無関係なアカデミックな問題に見える。しかし、たとえば核物理学で、k 個の電子が n

個の電子殻に配分される方法は何種類あるかといったことを知りたいときなどに、この問題が重要な意味をもつようになることも知っておくべきだ。

第38話 ビュフォンの針

今回は二五〇年前にさかのぼることにしよう。しかも、ところはフランス。そこでは学問が特別に高い社会的地位を保っていた。そこには、めざましい進歩を遂げつつある自然科学と数学の重要な発展を理解し、さらには自らその研究に携わろうと懸命に努力する一群の貴族たちがいた。少しでも名声を気にかける人物ならば、厩舎のとなりに学問部屋をしつらえ、各地を旅行する科学者たちは大歓迎を受けた。

こうした学問の熱狂的ファンの一人にビュフォン伯がいた。彼は一八世紀初頭に生まれ、フランス革命の前年に死去した。当時の知識の集大成である彼の百科全書的著作は今日ではほとんど忘れ去られている。しかし彼はひとつの有名な実験によって数学史の中にその名をとどめた。

ある水平の平面を思い浮かべていただきたい。そこには同じ距離をへだてた平行線が何本か引かれている。それは机上に置かれた罫線の入った紙でもいいし、あるいは板目が走る廊下でもいい。ここで一本の針を空中に投げる。それはその平面のどこかに着地

図1　ビュフォン伯

する。われわれはその針が平面を走る平行線の一つと交わる確率を計算することができる。驚くべきことにその計算公式の中になんと円周率πが登場する。これによって、πの値を実験的に求めるというまったく予想もしなかった可能性も生まれてくる。平行線と交差する確率を十分に正確に求めるためには、たんに針を――あるいは短い棒を――十分な回数だけ何度も何度も投げてみるだけでよい。

ビュフォンのこの手法は今日では「モンテカルロ法」という名前で、数学のほとんどあらゆる分野に浸透している。偶然の助けを借りて数値を求める、積分値を計算するなど、多くのことがなされている。もちろんそこでは針は投げない。代わりにコンピュータが信じがたい速度で何百万回ものシミュレーションを引き受ける。

それにしても学問が今日のように複雑になってしまったのは残念なことだ。いまでは、あり余る時間とお金を持っている人々が、この二つを伯爵と同じ目的に投じることはきわめて例外的なことになってしまった。

線と交差する確率を求める公式

針が平行線の一つと交わる確率と、円周率πの間に期待される関係を割り出す公式を見つけるには、この問題を正しく解釈する必要がある。

まずいくつかの略号が必要だ。ここでは平行線の間の距離をdとし、棒の長さをℓとしよう(図2)。棒が二本の平行線に同時に交わることのないように、ℓはdより小さな値とする。

さてそこで偶然事象に話を移そう。今、第一象限に描かれた底辺の長さ90、高さ$d/2$の長方形を考える。この長方形の内部にある一点をとると、それに応じてαとyという二つの座標が決まる。そのさいαは0以上90以下、yは0以上$d/2$以下の値となる。こうしてαとyの値が与えられた時、先ほどの棒が平行線とどのような位置関係に落下したかが分かるようにする。すなわち棒の中心点から一番近い場所にある平行線の一点までの距離をyとし、平行線と棒がなす角度をαとする(図3の右図)。つまりαが小さい時には棒は平行線に対してほとんど平行になり、$\alpha = 90$であれば棒は平行線に対して直角になる。そこで明らかなことは、yが小さければαが小さな値でも十分に棒が平行線と交わる可能性があるということだ。その正確な関係は初等三角法で記述できる。というのも、図に描かれた三角形の垂直方向の辺の長さがy以上の時にのみ棒は平行線と交わるからだ。しかしこの垂直方向の辺の長さと斜辺$\ell/2$の比は、直角三角形にお

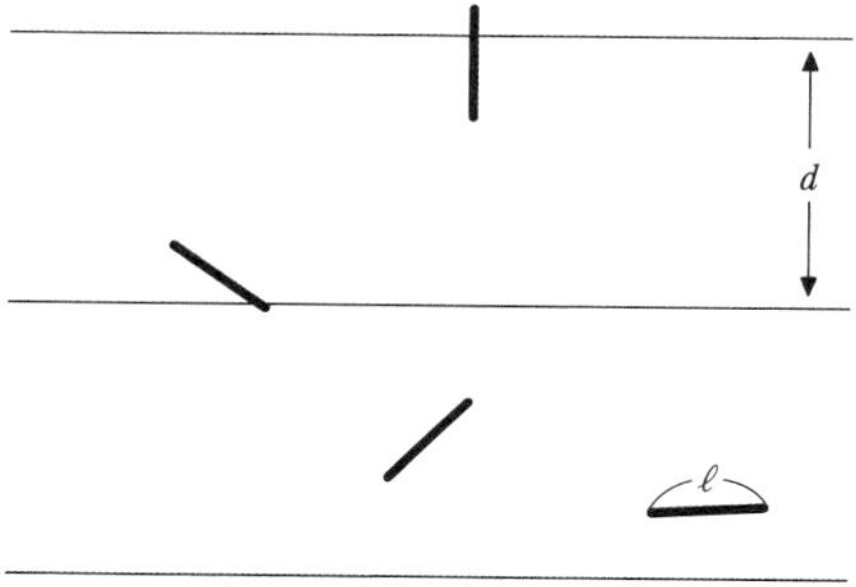

図 2　出発点

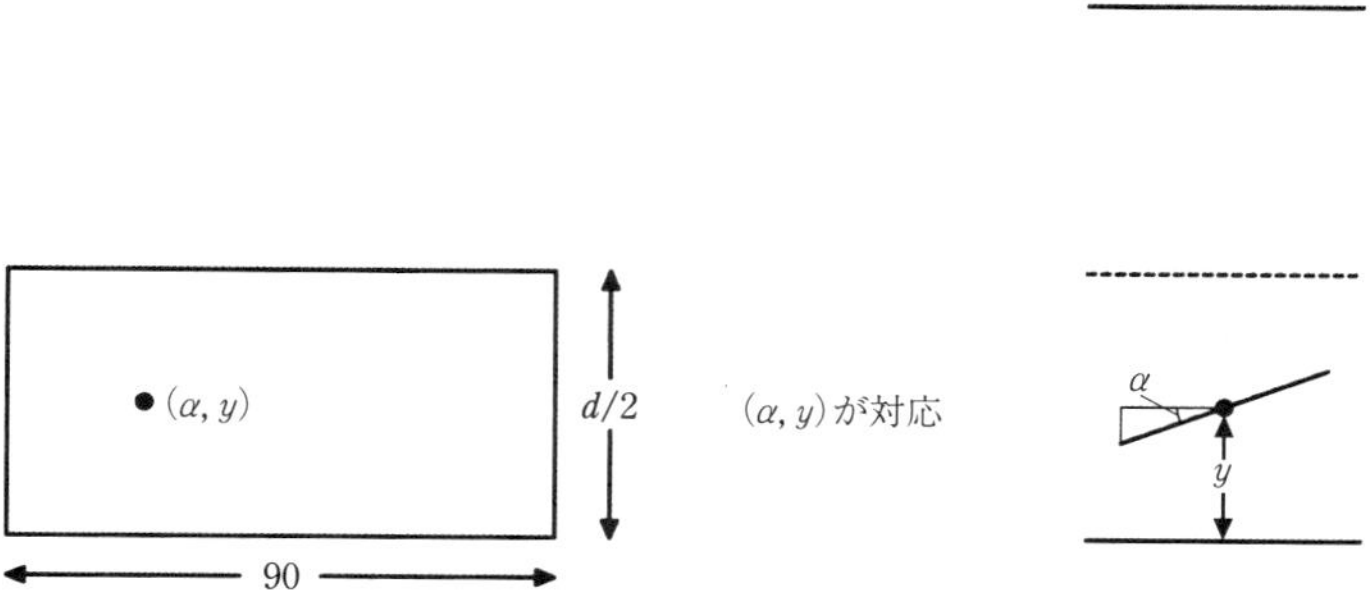

図 3　1 回の試行に対し長方形内の 1 点が対応する

ける鋭角の対辺と斜辺の比、すなわち角度 α の sin の値に等しい。ということは、$(\ell/2)\sin\alpha$ の値が y 以上であるとき、棒が平行線と交差するということだ。この条件が満たされる点の位置を灰色で示すと図4が得られる。

実際に棒を投げてみる代わりに、われわれはまったく偶然にこの長方形の中に点をプロットし、今まで説明したように、それを棒投げだと解釈しよう。棒が平行線と交差する確率は、図4から読み取ることができる。それは図4のサインカーブの下の面積が長方形の全面積に占める割合に等しい。この割合は計算することができ、以下の結果を得る。

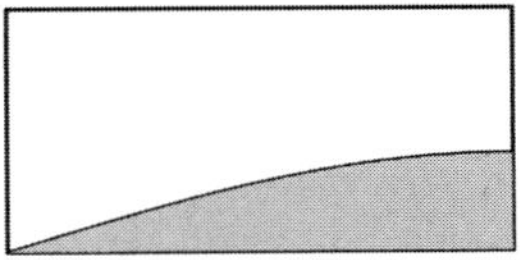

図4　灰色の部分に点があるとき「交差する」

長さ ℓ の棒をあてずっぽうに投げた時にそれが平行線と交差する確率は

$$\frac{2\times\ell}{\pi\times d}$$

ただし d は平行線の間の距離とする。

この公式は、直観的にも納得がいく。つまり ℓ が大きくなればそれだけ確率は大きくなるはずであり、平行線の間隔 d が大きくなればそれだけ確率は小さくなるはずだからだ。

さてこれでπの実験を始めることができる。棒(長さ一〇センチ)を非常に多くの回数、たとえば一〇〇〇回投げて、落ちた時に平行線(二〇センチ幅)に何回交わるかを記録していく。それがかりに三二〇回起こったとしよう。これによって、交差確率Pのおよその概算を得ることができる。Pは$320/1000 = 0.32$にかなり近い値のはずだ。そしてここでPを求める公式——ここでは$P = 2 \times 10/20 \times \pi$——を$\pi$を求める形に展開すると、次の式が得られる。

$$\pi = \frac{2 \times 10}{20 \times P} \fallingdotseq \frac{2 \times 10}{20 \times 0.32} = 3.125$$

つまり、この棒投げ実験からは$\pi \fallingdotseq 3.125$が推論される。これは——正直言って——それほど正確とはいえない。もっと正確に知りたい人は、もっと多くの回数投げてみることだ。

第39話

数学で億万長者に

しばらく前にグーグルが株式公開を行なった。創業者のセルゲイ・ブリンとローレンス・ページはそれ以来、世界でもっとも裕福な人々の一員となった。

もし彼らのまねをしようと思うなら、もちろんまずは巨大なコンピュータを買い、この世界のあらゆるウェブサイトのカタログを作らなければならない。サイトの数は二〇〇億ほどある。各サイトには、もちろんそこで興味を引かれる概念のインデックスが存在していなければならない。これはまちがいなく、かなりの時間を食う仕事だ。しかし才能あるプログラマーのチームにとっては、絶対に越えられない障害ではない。なんといっても探索はコンピュータに任せることができるわけだから。

これらの課題が満足のいく形で済んだと仮定しよう。残念ながらまだこれだけでは魅力ある検索マシーンを提供することはできない。その理由はインターネットの途方もない規模にある。たとえばなにか具体的な問合せがあったときに(「USA」と「ハリケーン」という言葉が出てくるすべてのインターネットサイトを探してください)、この両

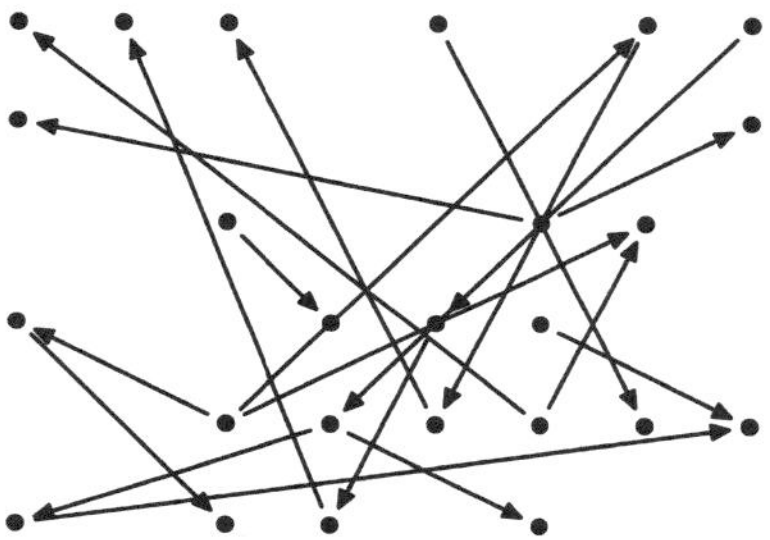

図1　相互参照関係はこんなイメージ

概念が登場するすべてのサイトを集めてくることは、たいして大きな問題ではない。しかし問題は、それをいったいどうやってプレゼンテーションするかということだ。つまり、通常は一〇万件から数百万件がヒットしてしまう。そのすべてを調べるほどの忍耐は誰も持ち合わせていない。むしろ、そのテーマについての「重要な」サイトをまずは提供してほしいと望むだろう。折につけ「ググっている」人ならば、グーグルがこの問題を驚くほど上手に解決していることを知っている。なぜなら提供される最初の何十件かの記事の中に、たいがいは自分の探しているものが見つかるからだ。

その秘密は「重要な」という概念の正しい定義にある。グーグルの基本アイデアは、あるサイトの重要性を、多くの重要なサイトがそのサイトを参照するよう指示しているということをもとに決定しているというところにある。ある一つのサイトが他のサイトを参照するよう指示しているとき、そのつど一つの矢印を記入するとしよう。するとインターネットは二〇〇億個の点とそれをはるかに超える矢印からなる一つの集合としてイメージできる。その微小な一部を切り取れば図1のようになるだろう。

多くの矢印の先が向かっているサイトは「重要な」サイトだ。それも重要なサイトから発する矢印が向かっている場合には特に重要だ。今、個々のサイトに1、2、…と通し番号を打ち、それぞれのサイトの重要度をW_1、W_2、…で表すと、これらの数値の間には相互依存関係が存在する。

たとえばサイト5がサイト2にリンクしており、サイト5がさらに別の二つのサイトとリンクしているとしよう。その時サイト2はサイト5がもつ重要度の三分の一をいわば「相続」する。ひょっとするとサイト7もまたサイト2を参照するよう指示しているかもしれない。そしてそれによってサイト7は(もしサイト7からそのほかに九のリンクが引かれている場合には)W_7の一〇分の一をサイト2に提供する。もしこれがすべてで、このほかには誰もサイト2にリンクを張っていないと仮定すると、次の等式が成立する。

$$W_2 = \frac{W_5}{3} + \frac{W_7}{10}$$

実際にはほとんどのウェブサイトにとって条件はもっと複雑だ。しかしかりにこれだけだとしても、二〇〇億の未知数W_1、W_2、…に対して二〇〇億の方程式からなる方程式体系を受け取ることになる。

学校数学は残念ながらそこではもう役に立たない。多くの人にとっては未知数が二つの連立方程式でさえ、これまで習った中で一番難しいものだ。たしかに数学のプロなら――いくつかの最適化の問題などでは――数十万、いや数百万の未知数を相手にすることはある。しかし、さすがにここまでくるともはや手に負えるレベルではない。

しかしもう一つ別の道がゴールに通じている。それにぴったりの合言葉は「偶然の散歩」だ。たとえば www.iwanami.co.jp というところから出発するネットサーファーを思い浮かべてみよう。彼はそこに張られたリンクの一つを偶然に見つけてクリックし、そのリンク先のサイトに移動する。そこに着いたらふたたびリンクが見つかり、その一つが偶然に選ばれ、そして――クリック！――という具合に旅は続いていく。このような方法でウェブの世界の中に一本の散歩道が作られていく。そしてそこでは当然のこととして「重要な」サイトが他のサイトより頻繁に訪問される。それどころか注目すべきことに、訪問の相対的頻度は先に掲げた方程式を満たしてさえいるのだ。要するに、あるサイトの重要性は、われわれのサーファーが、その時点でどれくらいのパーセンテージでそのサイトにアクセスしているかをもとに測定することができるということだ。

ただし具体的計算となると最初の問題の解決に比べてずっと簡単だとも言えないのではないか。たしかに、厳密に計算をしようとすればその通りだ。しかし近似的な解決

(そこでは——たとえば——小数点以下五桁までに限って重要度を確定する)ならば、数時間の計算時間があれば事足りる。

こうして検索マシーンはフル稼働できるようになる。なぜなら重要度さえ分かれば、すべては簡単にすむからだ。「USA」と「ハリケーン」を含むサイトをすべて探し出し、それを重要度の順に出力すればいい。

これが現実に行なわれている操作をとりあえず大まかに説明したものだ。細部は複雑で、またコカコーラのレシピと同様に企業秘密だ。より洗練したものにする必要性がどこにあるかといえば、たとえば行き当たりばったりのサーファーが、あるサイトにそれ以上リンクが張られていないため立ち往生するという事態が生じるのは問題だろう。これを避けるために、サーフィングの一歩ごとに一定の確率pで、目の前に存在しているリンクを無視し、ネット上で偶然に選ばれたいずれかのサイトに移行するようにアドヴァイスを受けるようになっている(われわれの側からこれを実現するのは難しいが、あらゆる可能なインターネットサイトの索引を所有していれば十分に可能だ)。グーグルはこの確率pを一五%に設定しているといわれる。これなら経験的な平均値としてうまくいきそうに思える。またグーグルは常時、「グーグル・ボミング」に目を光らせていなければならない。これは、自分のサイトへのリンク数を人為的に高めて自分のサイトの価値を釣り上げる戦術だ。

もちろん競争相手も安閑としているわけではない。ウェブサイトの「重要度」の問題を解決する新しいアプローチや計算手法を見つけるのに必死の努力が続けられている。なんといっても利用者が違えば、あるいは検索概念の組合せが違えば、おなじ「重要度」といってもまったく異なった意味を持ちうる。しかしそうなるとまた、要求された検索結果が——グーグルのように——何分の一秒かの間に提供できるかどうかが問題になってくるのだ。

V

考える力と数の論理

第40話 自分のヒゲをそる村の床屋

専門の枠を超えて広く名前を知られているドイツの数学者となると、それほどたくさんはいない。しかし集合論の創始者ゲオルク・カントール(一八四五―一九一八)はまちがいなくその一人だろう。いったいなぜ集合論がそんなに重要なのか、なぜ集合論が数学に欠かすことのできない「楽園」(有名な数学者ダフィト・ヒルベルトの言葉)とまで言われてきたのだろうか。その理由はこの理論の助けを借りると数学のすべての分野がすばらしく厳密な演繹法に基づいて展開できるところにある。

素朴に考えると、集合論というのはまったく人畜無害なものにみえる。自分が今関心を持っているもろもろの対象を、一つの新しい対象にまとめるというだけのことだからだ。これは誰もが日常生活で知っていることだ。「HSV」[ハンブルガーSV。ドイツ・ブンデスリーガの古豪サッカーチームを擁するスポーツクラブ]や「連邦政府」といえば何を指すかは、誰でも知っている。ただ残念ながら、このやりかたで新しい対象を生み出すことを、何の制限もなしに許してしまうと、最後にはぼろが出てしまう。そうなると、すでに一〇〇年前にイギリスの哲学者バートランド・ラッセル(一八七二―一九七〇)が発見したように、無意味な事態が生じかねないのだ。ラッセルの議論は、古代ギリシアですでに知られていた一つの論理的パラドックスを土台にしている。つまり、陳述が自分自身に関係しうるときには、論理的破綻が生じるというパラドックスだ。

このパラドックスを背後に隠した有名な話に村の床屋の話がある。この床屋は、自分でヒゲをそらない男たちだけを専門にそのヒゲをそるという床屋だ。では彼自身はどうなるだろうか。彼は自分でヒゲをそらないだろうか。そらないとすれば、彼は彼自身の客の一人となり、やはり彼は自分のヒゲをそることになる。では彼は自分でそるのだろうか。そうなれば彼は自分の顧客の中にはいないはずだから、この床屋がそのヒゲをそることはないはずだ。要するに、どのようにこねくりまわしても、この質問に、論理的にすじの通った答えを与えることはできないのだ。

集合論はラッセル・ショックから十分に立ち直った。今日では、集合論は数学のゆるぎない土台をなしている。

幼稚園で集合論

年配の読者なら、一九六〇年前後に正真正銘の集合論ブームがドイツを席巻したことをまだ覚えているだろう。そのきっかけはスプートニック・ショックだった。一九五七年、ソ連はヒュルヒュルと音を立てるこの得体の知れぬものを宇宙に向かって打ち上げた。西側諸国は、幼稚園から大学にいたるまであらゆる分野の教育を改善するという一大努力をもってこれに答えた。ところが不幸なことに、教育政策を担当する政治家たちは、集合論の基礎力は数学を理解するための重要な前提条件だという説得に屈してしまった。当然のなりゆきで、幼稚園からすでに「緑の積み木と、四角い積み木の共通部分」を作ってみようなどと言われた。集合論の言葉など使わなくても、ほとんどの子どもたちは、それが「緑で四角い積み木」のことだと分かっただろうに。

集合論は短命なエピソードに終わった。もっとも今日でもまだ、学校の数学をもう少しうまく体系化できる可能性はないかという模索が続いている。というのも今のところ、この科目は卒業近くにもなると、ほとんどの生徒たちから心底嫌われていて、全体がどうなっているかをきちんと分かっている人は誰もいないからだ。

シャーロック・ホームズが頭を抱える

ラッセルのパラドックスを理解するには、Mを集合としたときに「xはMの要素である」という言明が何を意味しているのかが分かりさえすればよい。それは単に、xが集合Mに属しているということを意味しているに過ぎない。したがって、たとえば「14は偶数の集合の要素である」とか「11は素数の集合の要素である」というのは正しい命題だが、「$\frac{3}{14}$は整数の集合に属する」というのは間違いだ。

さてそこでラッセルは、自分自身の要素にはなっていない集合の集合というものを考える。この集合を今Mと名づけると、ここで奇妙なことが生じる。つまりM自身がはたしてMの中に入っているかどうかという素朴な疑問を立てることができる。その答えには二つの可能性がある。

- この疑問に「イエス」(MはMの要素である)と答えるとしよう。だとすればMは、Mの要素が満たすべき性質を備えていなければならない。それはつまりMがMの要素ではないという特徴だ。つまり「イエス」は「ノー」を含んでいるということだ。
- では今度は「ノー」(MはMの要素ではない)と答えてみよう。それはMが、Mの特徴である性質(つまり自分自身の要素ではないという特徴)を持っていないことを意味する。ということは、言い方をかえれば、Mは自分自身の要素だということだ。だからもともと答えは「イエス」でなければならなかったはずだ。

これはとてもこんがらがった話だ。この論証方法は集合の分野での論理を無効にしてしまう。これではまるで、ある犯罪を調べていたシャーロック・ホームズが、犯人である可能性のあるただ二人の人物AとBについて、状況証拠から次のような結論を引き出すことができたというのに等しい。もしもAが犯人であれば、犯人はBであったはずだ。もしも――仮説的に――犯人がBであったとするならば、Aが犯人であることがはっきりと証明される。しかしこんなことは、あるはずがないのだ！

数学者たちにとってラッセルの議論は一大ショックだった。今日では――一〇〇年以上の経験を経て――こうした矛盾を回避する方法が見つかっている。今日よく使われている、しかもうまく解決できる方法というのは、集合における定義が「自己言及的」であるような集合、つまり集合を定義するために、その集合をあらかじめ知っていなければならないといった種類の集合については、集合形成を認めないという方法だ。

第41話　入場料を払わなかったのは誰か？

数学の世界には、求められている性質をもつ対象が存在するということは論理的に厳密に証明できるのに、場合によってその具体例を挙げられないということがままある。小難しく言うと、これを「非構成的存在陳述」とよぶ。

一例を挙げれば、いくらでも大きな素数が存在するという古くから知られている定理がある。それに従えば、少なくとも一〇〇兆桁以上ある素数が存在することは確実だ。しかしだからといってその怪物を紙の上に書けるかといえば、われわれにはとうてい不可能だ。この原稿を書いている時点での巨大素数のチャンピオンでも「わずか」数百万桁にすぎない。そしてこの状況はわれわれが生きている時代には、原理的にあまり改善されないであろうと想定できる。

存在証明から出発して、具体的情報にまで行き着くのは――そもそも道が通じているとしての話だが――しばしば遠い道のりだ。たとえば、数の中で圧倒的多数を占めるのは「非常に複雑な数」、すなわち超越数であるはずだということは、集合論の創始者ゲオルク・カントールの議論によって明らかにされた。しかし、そのような数を具体的に挙げるには、途方もない努力が必要だった。そしてさらに難しかったのは、具体的な数の「複雑さ加減」を計算することだった。円周率πのケースに関しては、それが超越数であることを発見したリンデマンが、これによって数学者の殿堂入りを確実にした。

一見、そのような問題は「現実の」生活には存在しないと思うかもしれない。しかしそれは違う。その一例を見つけ出すために、近くのジャズ・クラブに行ってみよう。そこでは一〇〇人の客が押し合い、へしあいしている。雰囲気は最高だ。しかし入り口で聞いてみるとチケットは九〇枚しか売られていないという。どんな方法でか、一〇人の客がズルをしてまぎれ込んだことは確実だ。でも、だからといってそのうちの一人でも、ズルをしたことを本当に証明できるとあなたは自信を持って言えるだろうか。

引き出しとハト

引き出し原理という、いかにも想像力をかきたてる名前でよばれている一つの証明手法がある。数学における非構成的存在証明の典型だ。

アイデアはいたって簡単だ。ある戸棚に n 個の引き出しがついていて、そこに $(n+1)$ 個以上の玉が隠されていたとする。その時、二個以上の玉が入っている引き出しが少なくとも一つ存在しなければならない(図1)。これはいちいち引き出しを開けてみなくても確実に保証することができる。ただしその場合でも、それが具体的にどの引き出しなのかということについてははっきりしない。

それはなにも引き出しとボールでなくても、内容的にはみんなよく知っていることだ。たとえば二つのポケットがついたズボンに、ハンカチを三枚入れていれば、どちらかのポケットには少なくとも二枚のハンカチが入っていなければならないだろう。

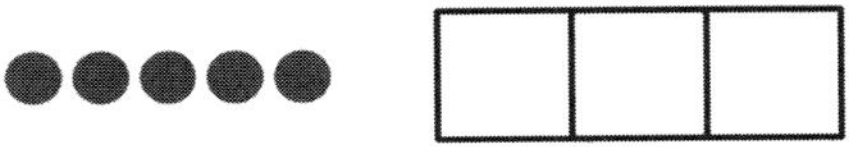

図1　3つの引き出しに5つの玉．少なくとも1つの引き出しには2つ以上の玉が入っている

ではどのようにして引き出し原理は証明されるのか。

驚くべきことに、この原理は直接的には証明できない。

それにはシャーロック・ホームズもよく使う論理的矛盾律の手法を用いなくてはならない。もしX氏が犯人でないならば、Y夫人は彼を見たはずだ。しかしY夫人はX氏を見なかった。こうしてX氏が犯人であることが証明される。

われわれの場合なら証明は次のように行なわれる。もしすべての引き出しに一個以下しか玉が入っていなければ、最高でn個の玉しか存在しないだろう。ところが玉はn個より多くある。だから「いずれの引き出しにも最高で一つしか玉が入っていない」という想定は正しくない。

数学的応用の典型例を挙げればこんなふうになるだろう。一一個の任意の自然数が与えられているとしよう。そのうちの少なくとも二つの数は、同じ数字を末尾に持っていることが保証できる、という具合だ。このケースなら0、1、…、9という番号をふった一〇個の引き出しがあって、与えられた一一個の数字を末尾の数字に従って分類することを想像してみればいい。

あるいはまたn個のハトの巣箱を考えてもいい。そこにn羽より多くのハトがもぐりこもうとしている。少なくともその一つでは、なにやら仲良くやっているはずだ。このいくぶんロマンチックな例は、英語では名前を付けるときに決定的な影響力を発揮した。英語では引き出し原理のことを、ハトの巣原理(pigeon hole principle)とよんでいる。

第42話

暗号解読の鍵は電話帳にあり

秘密のニュースをとことん秘密にしておく手段を見つける——それは古くからの夢だった。この夢の実現は、そうこうするうちに暗号理論という名前で数学の立派な一分野となり、きわめて熱心に研究されている。

注目すべきことに、暗号理論のメソッドが発達したおかげで、いくつかの数学分野が象牙の塔から抜けだして実社会に踏み出していった。たとえば整数論だ。これは日常的に使われるすべての数1、2、3、…の性質を研究するという古くからの由緒正しい数学の一分野だ。ところが数十年前から突然、素数についてできるかぎり多くのことを知ることが重要になってきた。その分野での新しい研究成果は、秘密保持を要するデータをいかに安全に伝えるかにとって決定的な意味をもつようになったからだ。

暗号理論は、当初からいつも目を見張るような驚きの連続だった。その第一弾が、なんと暗号化とその解読のための必須の情報を秘密にしておく必要が突然なくなったことだ。公開鍵暗号という名で呼ばれるこのアイデアは、この分野に一大革命をもたらした。

ただしその安全性は、素数と関係するある特殊な問題に関わっている。つまり、二つの素数の積が与えられたときに、そこからもとの素数をすぐに見つけられる人がいたならば、この秘密情報は簡単に解読できるのだ。たしかに35が5×7で得られるということは、誰でもすぐ分かるだろう。しかし、それが49402601となると、もう相当に難しい(この数は、33223×1487で得られる)。それが暗号ともなると、数百桁の数になる。ここまでくると、実用にたえうるほどの速度で二つの素因数をすばやく発見する方法はないというのが、これまでのところ広く認められていることだ。だから数年前に、もしいつの日か量子コンピュータが完成するようなことがあれば、まさにこれができるようになるということが判明したときには激震が走った。とはいえ当面は、暗号研究者も枕を高くして眠ることができる。もちろん、今用いているシステムの安全性が厳密に証明できれば、それに越したことはないだろう。しかし、あらゆる努力にもかかわらず、それは今のところまだ成功していない。

偶然キーなら安全だ

暗号理論と素数の関係が厳密にはどうなっているのかは、後にもう一度くわしく説明することにしよう。

じつは素数など使わなくても――ちょっとした美的欠陥はあるが――絶対安全な方法

というのは考えられる。一番有名なのはこんなやりかただ。たとえばコインを一万回投げて、表が出たか裏が出たかで0と1の数列を作る(自分でコインを投げる代わりに、コンピュータに数列を作らせてもいい)。たとえば冒頭部分はこんなふうになるかもしれない。

0010111101101110000000…

さてそこで、これを用いてある情報を暗号化するとしよう。ここでは話を簡単にするために、もとの情報自体もあらかじめ0と1の数列に変換されているとする(それはたとえばこんなふうにすればできる。アルファベットおよび最重要の記号をそれぞれ1と0からなる五桁の数に対応させる。$A = 00000$, $B = 00001$, … という具合だ。$2^5 = 32$ だから、この方法で三二種類の文字をコード化できる)。たとえば今、もとの情報がこんなふうに始まっているとしよう。

1011100110000001000…

これを暗号化するにはたとえば次のようにすればよい。まずは先の偶然による数列とこの情報を上下に並べて書く。

00101110110110100000…

10111001100000011000…

そして上下の数字を見比べて、それが同じ数字(両方とも0、あるいは両方とも1)なら0を、そうでなければ1を書いていく。たとえばこのケースなら結果は次のようになる。

10010101011101111000…

この数字ならばどこに送っても大丈夫だ。誰もここから手がかりを見つけることはできないだろう。しかも解読のほうは、受け手が秘密キー(つまり偶然による数列)さえ所持していれば簡単にできる。たとえばキーの最初の文字が0で、暗号情報の最初の文字が1ならば、もとの情報の最初の文字は1のはずだ(もし0だったら暗号情報は0になっていたはずだから)。

このやり方なら絶対に安全だ。なぜといってこれなら、あるテキストは暗号化されやすく、別のテキストは暗号化されにくいなどということは起こりえず、0と1からなる一万桁のテキストなら、すべて同じ確率で暗号化されるからだ。ただ残念ながらこの方法には重大な美的欠陥が二つある。第一は、なんといっても受け手に暗号キーを伝達しなければならない点だ。しかもあらゆる伝達経路には敵が潜んでいる。第二の短所は、一度使ったキーは二度と使えないという問題だ。同じキーを何度も暗号化に使ってしまうと、頻度分析によってキーが解読されてしまう可能性がある。

数学的な公開鍵方式にはこうした欠点がない。だからこそそれは今日でも広く使われているわけだ。

暗号理論は秘密の科学

暗号理論は数学の一分野だが、そこで得られた成果がすべて公開されているとは、とてもいえない。研究の重要なポイントは、素数同士の積から、いかにして素因数を発見できるかという問題だ。なんといっても多くの暗号技術の安全性はそこにかかっているからだ[詳細は第45話を参照]。

驚くべきことに、時にはそれがきわめて簡単に発見できてしまう。ところが最新の研究が、どのようなケースについてすでに素因数分解の方法を手に入れているのかは一般に公開されていない。そのため、暗号化のために巨大素数を探している人々は皆、いつでも一抹の不安を抱えることになる。

一つの例で、そのことをもう少し詳しく説明しておこう。アイデアはデカルトにまでさかのぼる。われわれが今、一つの巨大素数pを発見したとしよう。次にpより大きく、比較的近い数の中からもう一つの素数qを見つけ出す。つまり$q = p + k$(p、qは素数、kは比較的「小さな」自然数)となる。

例としてここでは$p = 23421113$, $q = 23421131$というケースをとりあげてみよう。このとき$k = 18$だ。

現実に使われるのは数百桁の数だ。しかしデカルトのアイデアは、われわれの例程度の桁数でも十分に印象的だ。

まず$n = p \times q$を計算してみよう。この例では$n = 548548955738803$となる。さて問題は、このnが与えられたときに、はたしてp、qを見つけ出すことができるかどうかだ。もしここで、$q = p + k$としたときのkの値があまり大きくないと想定できるなら、見つけ出すことは可能だ。そのアイデアは以下の通り。

まずkが偶数だということはすぐに分かるだろう。なぜならpもqも2より大きな素数、すなわち奇数だからだ。そこで今ためしに、$k = 2 \times \ell$と置いてみよう。この時、$p + \ell$すなわち、pとqのちょうど間にある整数が重要な役割を演じることになる。そこで、それをrとしよう。つまり$p = r - \ell$, $q = r + \ell$となる。したがって

$$n = p \times q = (r - \ell)(r + \ell) = r^2 - \ell^2$$

ゆえに$n + \ell^2 = r^2$となる。言い換えればnという数は、比較的小さな整数(ℓはもと

もと比較的小さな数と想定している）の自乗を加えると、その答えが別の整数の自乗になるような整数だということだ。これによって次のような戦略をとりうる。

［1］ nに整数の自乗、$\ell^2 = 1^2, 2^2, 3^2, \ldots$を順に加えていき、$n + \ell^2$が整数の自乗で表せないかどうかをチェックする。これはコンピュータにとっては何でもない作業だ。

［2］ そのチェックで最初にOKがでたところで、$n + \ell^2$をr^2で表す。

［3］ 探していた素因数pとqは$p = r - \ell, q = r + \ell$で求められる。

われわれの具体例では、$5485489557388803 + 1$、あるいは$5485489557388803 + 4$、あるいは$5485489557388803 + 9$、あるいは……が整数の自乗で表せないかどうかを調べていくことになる。すると九回目の試みで——つまりはコンピュータならば数ミリ秒の後に——われわれは次の式を発見するだろう。

$$5485489557388803 + 9^2 = 23421122^2$$

あとはここで得られた9を23421122に加え、あるいはそこから引いてやれば、二つの因数が求められるという寸法だ。

第43話　論理に悩まされるのはもう「十分」、でも数学はたぶん「必要」

　今回のテーマは、人間が身につけている論理能力の基本についてだ。私たちは、日々接している多くのことになにがしかの秩序を付与するために、論理的な関係を想定しようとする。たとえばこんな文章を考えてみよう。「もし今日が金曜日なら、郵便屋さんは来ないだろう」。これはたしかに正しい文章だ。そして本来なら、これを逆の言い方と混同する人はいないはず。「もし今日、郵便屋さんが来ないなら、今日は金曜日だ」と。ところが面白いことに、こうした混同は時として起こりがちだ。「外見が人を作る」というあの現象を思い出してみるといいだろう。裕福な人々なら立派な服装をすることができるだろうが、しかし外見だけから、その人の銀行口座の残高をはじき出すのは早計というものだ。

　とくに原因と結果のこの違いが頭に入りにくくなるのは、それが少し抽象的なものになったときだ。それについては例の台形論争のことを思い出していただきたい。二〇〇三年二月、クイズ番組『百万長者になるのは誰？』で出題された問題に関連して、ドイツ中で「長方形ははたして台形か？」という論争が起きた。もし「台形とは、一組の辺が平行である四辺形である」という定義を受け入れるなら、先の質問に対して「はい、そのとおり」と答えなければならないことは明白だろう。なぜなら長方形に一組の平行な辺があることは、苦もなく発見できるからだ。ところが、どんなに説明しようとしても、このことは多くの市民に納得してもらえなかった。その反応は間違えた人を小馬鹿にするものから、正解に憤慨するものまでいろいろだった。いやしくも数学者たるものが、いったいどうして、すべての台形が長方形だなどといえるのか、などという声もあった。実際には、そんなことは一言もいっていないのに……。

正確を期すために付け加えておくと、二つの命題pとqについて「pならばq」という関係が成り立つとき、数学者は「pはqが成り立つための十分条件(そしてqはpであるための必要条件)である」と表現する。この両方の概念を混同する危険は大きい。たとえば次の命題が正しいかどうか、読者は判断できるだろうか。「ある図形が長方形であることは、その図形が台形であるための十分条件である」(正解「この命題は正しい」)。

台形か、否か

台形論争に参加した人々の名誉のために付け加えておくと、学校の教科書や百科事典にもかなり混乱があることは認めざるを得ない。実際、台形の中に長方形は加えないと

図1　典型的な台形

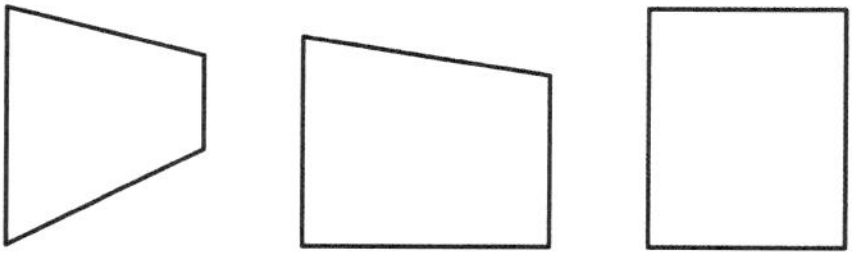

図2　台形の別の例

付記しているものも時には見られる。

しかし数学者の目から見ると、それはほとんど意味がない。というのも、そんなことをすれば、非常に不経済なことになるからだ。たとえば「すべての台形の四つの角の合計は三六〇度になる」という結果について考えてみよう。今われわれが、厳密な証明を通じて、この結果に確信を持ったと仮定しよう。さて次は長方形の部門について調べてみる番だ。もしわれわれが——すべての数学者がそうするように——長方形を台形の特殊例と理解していれば、われわれはただちに「すべての長方形の四つの角の合計は三六〇度になる」と宣言することができる。なぜなら、これはすでに証明された、より一般性の高い結果の一つの特殊例に過ぎないからだ。しかし、そのように考えない他の人々は、もう一度苦労を繰り返さなければならない。しかも今後問題になるかもしれない台形のすべての性質についても同じことがいえる。

ほとんどの学校教科書では、台形といえば図1のような形で書かれている。

しかし、台形には図2のようなものもある。

図3

犬だって論理的に考える?

図3の写真に写っているメッセージにはこう書かれている。「ほえる犬はかみません。わが家の犬はほえません!」これはまちがいなく、ウィットのきいた警告「わが家の犬はかむかもしれません」として書かれている。ここでは「pならばq」(「ほえる」なら「かまない」)という論拠から、「pでなければqでない」(「ほえない」なら「かむ」)ということが推論されている。論理的には、これは正しくない。しかし、それにもかかわらずこの張り紙がその目的を達していることは確実だ。

第44話 ヒルベルトのホテルには、いつでも空き室がある

数学者は、よく無限というものにつきあわされる。そこでは、われわれの生活経験から予想するのとは違う法則が支配しており、それに慣れるにはしばらく時間がかかる。

以下のことを理解するには、一番簡単な無限集合である自然数1、2、3、…を考えてみるだけで十分だ。かのガリレイがすでに一六三八年の『新科学講話』[正式名は『機械学と場所運動に関する二つの新科学についての講話と数学的証明』]の中で、この領域に出現しうる奇妙な現象について驚きをもらしている。この本に登場するガリレイの分身である人物は、自然数と、自然数を二乗した整数、つまり1、4、9、16、…などは同じ数だけ存在するということを確認している。なぜといって両方の数列は頭の中で上下に並べて書くことができ、一つの対応関係を作り上げることができるからだ。その数学的背景はこうだ。一つの無限集合から何かを差し引いても、おそらくそこには、差し引く前とまったく「同じだけ多くの」ものが含まれている……。

数学者ダフィト・ヒルベルト(一八六二―一九四三)は、この現象を面白いたとえで説明

した。それはヒルベルトのホテルとして知られている。このホテルには無限に多くの部屋があり、その部屋には1、2、3、…と通し番号がつけられている。ある学期休みの週末のこと。ホテルは予約でいっぱいだった。ところが夜遅くに客がもう一人やってきて、一部屋空いていないかという。普通ならどうにもならないところだが、ヒルベルトのホテルなら解決策がある。1号室の部屋の客を2号室に移し、2号室の客を3号室に移しという具合にずっとやっていく。これで1号室が空くという寸法だ。こうして全員が気兼ねなく休むことができる。ところがゆっくり休むまもなく、また遅くに団体旅行客がやってきて、シングルの部屋が八つ欲しいという。さて今度は、1号室の客を9号室に移し、2号室の客を10号室に移す……。

ちなみに無限集合が体系的に研究され始めたのは、ようやく一九世紀になってからのことだ。ドイツの数学者カントールがパイオニアとしての仕事をした。カントールはそのために多くの同僚のひんしゅくを買った。数学の対象は具体的なもの、構成可能なものに限られるべきだというのが同僚たちの言い分だった。しかし今日では、カントールは完璧に名誉回復を遂げ、無限なるものは、整数、幾何学の対象、確率などとまったく同様の、ありふれた道具類の一部になっている。

……しかし、なかなか静かな夜はやってこない！

ところで、あのあわただしい夜の結末がどうなったか、まだ最後まで話していなかった。実は近くの駅に、なんと無限に多くの旅行客を乗せた列車が到着してしまったのだ。彼らはみな疲れていて、しかも、もともとヒルベルトのホテルを予約していたのだ。

でもホテルは満室だ。フロントはお手上げだろうか。いやいやどうして。コンピュータ電話が四方八方に電話をかけまくり、もう一度、引っ越し大作戦を開始する。1号室の客を2号室に、2号室の客を4号室に、3号室の客を6号室に(つまり、部屋番号を2倍した部屋に)順々に移していくのだ。するとこれで奇数番号の部屋はすべて空室になった。それらはただちに疲れた到着客たちに提供される。

もちろんこれは、無限という数の中で起きるいろいろな現象を視覚化するための思考ゲームに過ぎない。それでもここでは、この手法の現実的な欠点に言及しておく必要がある。客n——今はまだn号室にいる——は$2n$号室に引っ越さなければならない。nの値が小さいうちは、それでもまだすばやく引っ越しができるかもしれない。しかし巨大な数字になると、今の部屋と引っ越し先の部屋の距離は途方もないものになるだろう。ヒルベルト・ホテルの客とはいえ、移動するときの速度に上限があると仮定すると、この引っ越しは有限の時間の中ではまったく完了できなくなる。

この難点は、じつは最初の問題のときから基本的には存在していた。もしすべての客が引っ越し作業のことを同時に知らされていれば、もちろんうまくいくだろう。すべての客がある一瞬に同時に引っ越しをする。そうすれば一〇分後には静けさがやってくるだろう。しかし、どんな知らせも光速より速く伝えることはできないとすれば、ずっと離れた部屋に知らせが届くのは、はるかに後のことになってしまうだろう。

第45話 極秘！

この本にはなんども素数が登場する。今回は、巨大素数が暗号理論、つまり暗号化のための科学に、いかに大きな革命をもたらしたかをもう一度見てみよう。

あなたが今、二つの巨大素数――かりにそれをp、qとする――を手に入れたとしよう。これはあなただけが持っている秘密情報だ。ここで「巨大」というのは数百桁という意味だ。そのとき$p\times q$を計算して、その答えをnとしよう。

注目すべきことに、こうすればpとqは、整数nの中に事実上隠しこまれ、これを再発見することは不可能だ。つまり現在のところ、このnから二つの素因数pとqを、現実的な時間内に発見する方法はまだ知られていない。最速のコンピュータを数千年間稼働させることができても見つけられないのだ。

この事実を暗号理論は利用する。暗号理論は、すでに数百年前に知られていた整数論の一つの定理を応用する。それはこういう内容のものだ。ある整数が与えられたとき、nを用いてその整数に一つの操作を加える。ところがこの変更は素因数p、qを知らない限り、もとにはもどせないという性質を持つ。たとえば、誰かがあなたにきわめて機密性の高い情報を送る必要があったとしよう。あなたはその時、彼または彼女に n という数と、あとは n を用いて秘密情報に変更を加えるための手順書だけを送ってやればそれでいい。ただしそのためには、情報をあらかじめある整数に転換しておく必要はある。変更された結果はあなたのもとに送られる。あなた以外の誰もこの暗号化された情報には手出しができない。ただあなただけは p と q を知っているため、簡単に暗号を解読できる。

この手法の革命的なところは、事実上、一連の操作が公衆の面前でできるという点だ。暗号化するのに重要な n といい、暗号化された情報といい、いずれも誰に見られてもさしつかえない。そこでこれを「公開鍵暗号」などとも呼んでいる。

数学の関与——たった今「n を用いてその整数に一つの操作を加える」という漠然とした言い方をしたばかりだが——は、まさに第21話で話題になった整数の mod 計算にもとづくものだ。整数論から発したこの計算方法が今日、たとえばインターネット上で秘密情報をやりとりするさいに、日々何百万回も利用されているというのは数学者にとっても非常に驚くべきことだ。

RSA法による暗号化

「公開鍵暗号」というのが何を意味しているのかをもう少し詳しく理解するためには、いくつかの概念とすでに明らかになっている成果を知っておく必要がある。いわゆるRSA法——一九七七年にこれを提唱した三人の数学者リヴェスト(Rivest)、シャミア(Shamir)、エーデルマン(Adleman)の頭文字を取って名付けられた——といわれるものは、基本的には次のように機能する。

[基礎]

そこで用いられているのは、基本的には「mod」計算にすぎない。だから211 mod 100 = 11という式がどうして正しいのかということを、まずもって理解しておく必要がある。そして計算機が手元にあれば、次の式が正しいということも納得できるだろう。

$$265252859812191058636308480479023 \bmod 1459001 = 897362$$

[事実]

第21話ですでに次のような驚くべき事実を指摘しておいた。すなわち n が素数で、k が1以上 n 未満の整数の時、次の式が必ず成立する。

$$k^{n-1} \bmod n = 1$$

数学者はこの公式を「フェルマーの小定理」と呼んでいる(フェルマーの大定理、あるいは最終定理と呼ばれているのは、$n > 2$ の時に、$a^n + b^n = c^n$ を満たす自然数が存在しうるかどうかという、これよりはるかに難しい問題だ。これについては第20話参照)。この式の両辺にそれぞれ k を掛けると次の式が得られる。

$$k^n \bmod n = k$$

証明については、ここでは省略し、この結果を部品として利用しながら先に進むことにしよう。

ただし、理解のために、ここでは一つだけ具体例を挙げておこう。たとえば $n = 7$, $k = 3$ とすると、$k^n = 3^7 = 2187$ となり、このとき確かに $2187 \bmod 7 = 3$ となる。

しかし必要とされるのは、場合によっては素数ではない数にもあてはまる一般式だ。これは数学者レオンハルト・オイラー(一七〇七―一七八三)によって最初に証明された。それを表現するには、まず「互いに素」という概念がどういう意味かを知っておく必要がある。二つの整数 m と n が、1以外の公約数(m も n も割れる数)を持たない時、二つの数は互いに素だという。たとえば15と32は互いに素だ。しかし15と12は互いに素ではない(なぜなら両方とも3で割れるから)。

今nを一つの整数としたとき、1からnまでの整数でnと互いに素であるような整数の総数を$\varphi(n)$(ファイnと読む)と表す。たとえば$n = 22$のとき、22と互いに素なのは1、3、5、7、9、13、15、17、19、21の一〇個だ。よって$\varphi(n) = 10$となる。この時、オイラーによれば次の式が成り立つ。すなわちkとnが互いに素であるとき

$$k^{\varphi(n)} \bmod n = 1$$

「テスト」として$n = 22,\ k = 13$の場合を見てみよう。このとき

$$k^{\varphi(n)} = 13^{10} = 137858491849$$

そして事実$137858491849 \bmod 22 = 1$となる(暗算でもできるような例がいいという方は、たとえば$n = 6,\ k = 5$としてもよい。そのときは$\varphi(n) = 2$、そして$5^2 \bmod 6$は確かに1になる)。

さらにここで気づくことは、さきのフェルマーの小定理はオイラーの定理の特殊ケースとして理解できるということだ。つまりpが素数であるならば、pは自分より小さい整数との間に、1以外の共通の約数は持たない(pには、1とそれ自身以外の約数はないのだから)。したがって$1, 2, \dots, p-1$の整数はすべてpと互いに素ということになる。

つまり$\varphi(p) = p - 1$だ。これによって、この場合でのオイラーの公式は、そのまま「フェルマーの小定理」に移行する。

RSA法

手はじめに二つの異なる巨大素数pとqを探し、その積を$n = p \times q$によって計算しておく(ここで巨大というのは数百桁という意味だ)。pとqは素数だから、1からnまでの整数で、nと互いに素でない整数といえば、pとqの倍数しかない。したがって$\varphi(n) = (p - 1) \times (q - 1)$となる[$p$の倍数は$p$、$2p$、$3p$、…、$qp$の$q$個、$q$の倍数は$q$、$2q$、$3q$、…、$pq$の$p$個。これを全体$pq$から差し引く。ただし$pq$については両方で数えているので、それに1を加える。こうして$\varphi(n) = pq - p - q + 1$が得られる。これは上の式を展開したものに等しい]。

一例を挙げよう。$p = 3, q = 5$とすると、$n = 15$となる。nと互いに素である整数は1、2、4、7、8、11、13、14。この個数は、たしかに$(3 - 1) \times (5 - 1) = 8$に一致する。

次に必要なのは二つの整数kとℓだ。ただしk、ℓは、$(k \times \ell) \bmod \varphi(n) = 1$をみたすような整数とする。

これで準備は完了だ。p、q、ℓは頑丈な金庫の奥に格納される。そしてnとkは職業別電話帳に記載しておく。さて誰かが私に情報を送りたいときには、まずはその情報を、ＡＳＣＩＩ(アスキー)コードなどを利用して長い数字列に翻訳しておく必要がある。それをいくつかのブロックに分け、各ブロックは、たとえばおのおの五〇桁からなるようにしておく。

これでいよいよ暗号化の作業を始めることができる。一つのブロックをmという整数で表すとしよう。ここでまず$m^k \bmod n$を計算しなければならない(この結果をrとしておこう)。これはnとkが分かっているのだから、難なくできる。これをすべてのブロックについて行ない、私にはそれらの結果(つまり各ブロックのrの値)が送られてくる。もし見たい人がいれば、誰でもそれを読み取ることができる(詳細は次ページコラム参照)。

ここでは小さな整数を用いて、一つの具体例を挙げておこう(まじめに利用する場合には、これよりはるかに大きい整数を用いる)。わが社は$p=47, q=59$とすることに決定した。その時公開されるのは$47\times 59=2773$という数字だ。次にはkとℓを見つけなければならない。われわれが選択したのは$k=17, \ell=157$という組合せだ。$\varphi(n)=(47-1)\times(59-1)=2668$、$17\times 157=2669$なので$(k\times\ell) \bmod \varphi(n)=1$となり、たしかにこれは適切な整数だ。2773という数字と17という数字はみんなに知らされる。しかし47、59、157は極秘だ。

暗号解読は次のような手順で行なわれる．まず金庫が開けられる．そして，その中に隠されていた情報(すなわち p, q, ℓ)から，$r^\ell \bmod n$ を計算する．さてここで $r^\ell \bmod n = (m^k)^\ell \bmod n = m^{k\ell} \bmod n$ が成り立つ[$m^k \bmod n = r$ だから，s を自然数とすると $m^k = s \times n + r$ と書ける．したがって $r^\ell = (m^k - s \times n)^\ell$．この右辺を展開した多項式は，$(m^k)^\ell$ の項以外はすべて $s \times n$ で割り切れる．ゆえに $r^\ell \bmod n = (m^k)^\ell \bmod n$ となる]．そして先に仮定したように $(k \times \ell) \bmod \varphi(n) = 1$．したがって，$s$ を自然数とすると，$k \times \ell = s \times \varphi(n) + 1$ と書ける．したがって

$$\begin{aligned} r^\ell \bmod n &= m^{k\ell} \bmod n \\ &= m^{s\varphi(n)+1} \bmod n \\ &= m \times (m^{\varphi(n)})^s \bmod n \end{aligned}$$

しかし，オイラーの定理によれば，$m^{\varphi(n)}$ は(したがってこの数の s 乗もまた) $m^{\varphi(n)} \bmod n = 1$ を満たす．以上を要約すると次の結果が得られる．

$$r^\ell \bmod n = m \bmod n = m$$

つまり公然と送られてきた r から，本当に m が再構成できるというわけだ．

しかし，これができるのは実際のところ $\varphi(n)$，すなわち $(p-1) \times (q-1)$ を知っている人間だけだ．だからもしも n から，p と q を発見できる人間がいたとすれば，この問題を解決したことだろう．これこそ素因数分解がかくも注目を集める理由なのだ．

さてここで暗号化をしなくてはならない。誰かが私に1115という数字を伝えたがっているとと仮定しよう。彼は自分のコンピュータに1115^{17} mod 2773を計算させる。その結果は1379だ。この数字を彼は葉書に書いて送る。次の日には、それが私の郵便受けに届く。さてこんどは私のコンピュータが1379^{157} mod 2773を計算する。結果は数ミリ秒で画面に映し出される。1115。密かにあの葉書のコピーを手に入れたスパイも、さすがにこの数字を見つけ出すことはできなかっただろう。

第46話

巡回セールスマン――現代のオデュッセウス

ある会社がドイツのいろいろな都市に取引先を持っているとしよう。今、一人のセールスマンが、新商品を紹介するために会社の車で取引先をまわらなければならない。どんなふうに巡回すべきだろうか。もちろん彼は、全取引先を(しかもそれぞれ一度だけ)訪ねるように、しかも全行程ができるかぎり短距離になるようにまわるべきだ。そのような理想的ルートを発見する問題が、(数学者の間では)有名な「巡回セールスマン問題」だ。この呼び名は、それがきわめて特殊な問題であるかのような誤った印象を与えてしまいがちだ。しかしそうではない。同じ状況は(たとえばプリント基板に穴を開けていくときにドリルをどのように制御すれば理想的な動きが得られるかといった)設計に関わる多くの問題で生じてくる。

素朴に考えると、事柄はきわめて単純なように思える。なぜならそこには有限の可能性しかないからだ。頭の中ですべてを試してみれば、いつかは総移動距離が最短になるような可能性が見つかるだろう。たしかに、理論的にはその通りだ。しかし巡回ルートの可能性の総数はとてつもなく大きいため、このアプローチは、実際には採用できない。もちろん、個々のセールスマンたちに関して、あるいは実用上重要な同類の設計問題に関してならば、理想的な(あるいは少なくとも理想にきわめて近い)ルートを許容時間内に見つける実用手順はすでに知られている。しかし、それでもなお一つの原理的な問いは残る。いったいこの問題の難しさの度合いは、じっさいのところどの程度なのか。都市の数が増えるにしたがって難しさが爆発的に増えていくような事態を、巧妙な手法で解決できた天才が、単にこれまでの数学者のジェネレーションにはいなかったということなのか。それとも、それは――確実な保証をもって――永遠に不可能だといえるのか。

世界のすべての巡回セールスマンにとっては、こんなことはかなりどうでもいいことだ。だからこの問題が秘めている衝撃力はむしろ別のところにある。じつはこの問題は、ある問題のクラス全体が解決可能か、それとも解決不可能か、ということと同値[数学的に同じ意味]で、しかもそのクラスの中には、暗号システムの安全性と密接に関係する問題が含まれている。それゆえにこの問題の最終的解明にも一〇〇万ドルの賞金が掛けられているのだ。

P＝NP問題

今、五〇の都市があり、それぞれの間の距離が表の形で与えられているとしよう。このセールスマンが勤める会社も経費を節約しなければならず、巡回旅行もできるだけ短い距離になるようにすべきだ。だから経理部も次のような問いには関心をもつだろう。

全行程が二〇〇〇キロメートル以下となるような巡回ルートは存在するだろうか。

この問いに関して考えておくべきことは、次の二点だ。

(1)　全巡回ルートをしらみつぶしに検証することによってこの問題を解こうとするのはまったく見込みのないやり方だ。最初の行き先として五〇通りの可能性があり、二つ目のは四九通り、次は四八通りなどとなり、可能性の総数は以下のようになる。

$$50 \times 49 \times \cdots \times 2 \times 1$$
$$= 30414093201713378043612608166064768844377641568960512000000000000$$

(2)　それでも運がよければ、この質問に答えることは可能だ。まったく偶然に一つの可能なルートを考え、その旅の総距離を計算する。そしてそれが二〇〇〇キロメートル以下であれば、この問いにはすでに答えたことになる。

別の言い方をすれば、こういうことだ。私たちの前には一つの問題が置かれている。その問題の解は(とてつもなく)運がよければ見つけだすことができる。ただし、運が悪くても素早く解決できるとは誰も思っていない。「許容できる」時間内に右のような問いを判定できるような手順が見つけ出せるとは、誰も予想していないのだ。ところがスキャンダラスなことに、これはまだ予想の域を出ず、今日にいたるまで証明されていない。専門家はこれをP＝NP問題とよんでいる。ここでPという略号は、素早い判定手順が存在している(より正確に言うと「入力サイズの多項式によって上限が定められる時間(多項式で書ける時間)内に、その結果が判定しうる」)という意味だ。そしてNPとは、きわめて幸運ならば許容できる時間内に一つの結果を検証することができるという意味だ。はたして「P＝NP？」と言えるかどうかの決定には一〇〇万ドルの賞金がかけられている。

第47話
量子はどのように計算をするのか

何年か前には、量子コンピュータのことがさかんに話題になったものだが、このところはやや下火になってきている。たしかにこうしたコンピュータは、要求される複雑性を満たすようにできあがれば、とほうもない能力を発揮するかもしれない。しかし当面、その実現には悲観的にならざるをえないだろう。下火になった理由もそこにある。

だがその間、この種の計算機が持つ仮説的な計算能力については集中的に研究されてきた。その状況はあたかも二〇世紀の人工衛星に関する研究に似ている。そこでも初めてのロケットが打ち上げられる以前に、もし人工衛星が軌道に乗ったら何ができるかということがあらゆる面から考察された。

量子コンピュータの基礎となっているアイデアは、私たちには想像しにくいミクロ世界の法則を利用しようというものだ。特に重要なのは、量子系の相互作用では最終的な測定結果に関する確率が、制御可能な仕方でたがいに重ね合わせられるという、量子力学が教える原理だ。そこで一つの数学的問題を、量子コンピュータの観測によって解が

図1　ピーター・ショア

表示できるように変形してやれば、ときには非常に多くのことを計算することができる。つまり、こうした重ね合わせを利用することによって膨大な数のケースを並列的に扱うことができるようになり、量子ビットとよばれる素子の数を増やせば、その処理能力は指数関数的に増大する。

ただ残念ながらまだ多くの原理的課題があり、そのいくつかは物理学的問題だ。量子世界の驚くべき性質は、系全体が完璧に外部から遮蔽されていて、はじめて利用できる。たとえば宇宙線からほんの一つの粒子が飛来しても、計算が狂ってしまう可能性がある。またプログラミングに関しても、まったく新しい問題がある。たとえば計算途中で、ある特定の数値が必要になった場合、まずはその数値を求めなければならない。ところが量子の世界では、あらゆる観測を行なうたびに系の状態が変化してしまう。そうなると初期状態はもはや再現できなくなる。そのほか、数学の側からの一つの問題は、こうしたやり方で扱える問題の中に、数学的興味をそそられるものが比較的少ないことだ。数学で必要とされるのは、ほとんどの場合、厳密な解であって、一定の確率で正解となるような解ではないからだ。

そんな少ない例の一つが、頻繁に試行を繰り返すことができる暗号コードの解読だ。

事実、量子コンピュータへの関心を呼び起こすきっかけとなったのは、アメリカ人のピーター・ショアによってコード解読のための一つの処理方法が提示されたことだった。これによってショアは一九九八年、国際数学者会議（ＩＣＭ）ベルリン大会で栄えあるネヴァンリンナ賞を受賞した。

量子ビットとは何か

量子コンピュータの関連でもっとも重要な概念は、量子ビットという概念だ。これは一つの造語だが、「普通の」コンピュータにおけるビットとの連想からこうよばれている。普通のコンピュータで1ビットといえば、二つの値、たとえば0または1のどちらか一方の値をとる情報の最小単位のことだ。このビットが何十億個ものスイッチで結ばれることによって、より複雑な操作が実行できるようになる。

量子ビットは、このビットの量子コンピュータ版というわけだ。とりあえずは、データを要求したときに0または1が返ってくるブラックボックスのようなものを想像するといいだろう。ただし、そこで分かっていることは、どれくらいの確率で0が、どれくらいの確率で1が返ってくるかということだ。その意味では「古典的」ビットもまた量子ビットの一つの特殊例といえる。つまり確実に0が返ってくるか、そうでなければ確実に1が返ってくることが分かっている量子ビットと考えればいい。

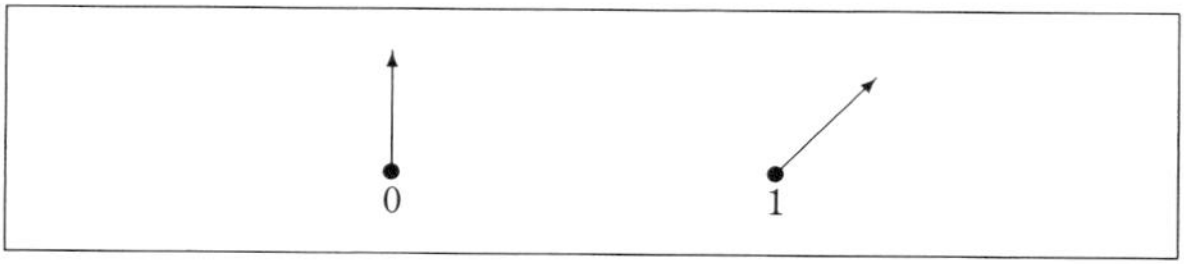

図2

ここに反映しているのは、ミクロの世界が確率によって制御されているという事実だ。そこでは観測を通じてはじめて、可能な値のいずれが具体的に実現しているかが確定される。

しかし、複数の量子ビットの相互作用を記述するには、このブラックボックスのイメージだけでは不十分だ。もう少し近い形でイメージするためには、0ないし1が返される確率が平面上に描かれた一本の矢印で示される図を思い浮かべてみる必要がある。この矢印の長さの自乗がたとえば1が返ってくる確率を表す。1の状態を示す矢印がたとえば〇・八の長さだとすれば、1が実現する確率は $0.8 \times 0.8 = 0.64$ となる。そのとき0を得る確率は $1 - 0.64 = 0.36$ となることは明らかだ。図2に示した1量子ビットの図では、0が実現する確率と1が実現する確率がほぼ同じ長さで示されている。つまりここでは0が出るか1が出るかは、コイン投げの場合と同じということだ。

さてこのような量子ビットが二つ、相互作用を及ぼすときには、それぞれの矢印はベクトルの加法と同じように合成される。つまり二つが正反対の方向を向いていれば、一つひとつの量子ビットは高

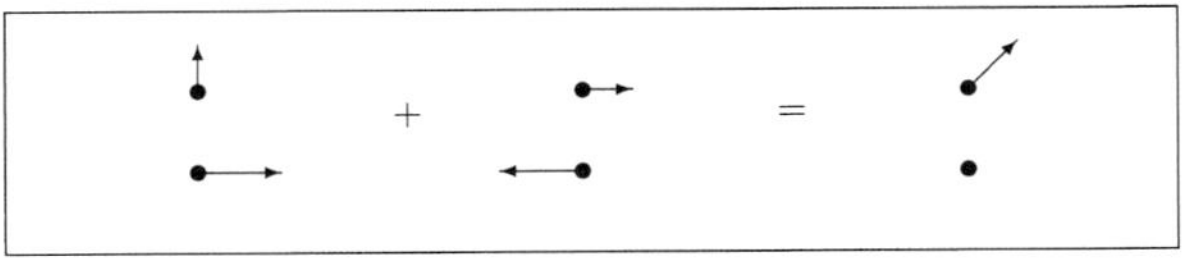

図3

い確率で1を返す場合でも、両者が相互作用を起こすと1が実現する確率がきわめて小さくなるといったことが起こりうる。

図3はその一例だ。左辺には二つの量子ビットが描かれているが、それぞれは高い確率で1を返す量子ビットだ。この図では見やすいように、上段に0の、下段に1の確率を示す矢印が描かれている。ところがこの二つの量子ビットを「加算」すると、データ要求に対してほとんど確実に0を返すような1つの量子ビットが生成される。

この原理が、(いまなお仮説の域を出ていない)量子コンピュータの動作の基礎となっている。ある特定の結果を探しているとき、それにみあった形で準備された量子コンピュータが求められる。原理的には、こうした量子コンピュータは驚異的な数の出力を産出することができる。しかし、生じうるさまざまな個別結果の出力の確率を、求める解だけが特別に高い確率で選び出されるように、うまく調節する。個々の点に関しては、技術的にきわめて錯綜しており、実際に重要な問題をこの方法で解決できる水準からはまだ遠くかけ離れている。

量子ビットを複数接続することによって巨大な桁数の数を扱える

ようになる。たとえば量子ビット$Q1$と$Q2$があるとしよう。両者はそれぞれ0または1の状態をとりうる。つまり両方あわせると00、01、10、11の四つの結果が考えられる。今、$Q1$と$Q2$が量子系とみなされるならば、そこには確率を示す四つの矢印が与えられる。たとえば00における矢印が特別に短いならば、それは二つの量子ビットが0の状態をとる可能性がきわめて小さいということを意味する。暗号理論で実際にこれを応用しようとするならば、数千量子ビットが必要となるだろう(そうなれば全体としては「2の数千乗」の異なる状態をとりうることになる)。現在のところ、それは技術的に可能な域を何段階も超える作業だ。

第48話 脳内コンピュータ

数学者はフランケンシュタイン？　すでに何百年も前から、人間の思考力のある側面を機械で模倣するという試みが続けられてきた。実際、一九六〇年代以来研究されてきたニューラルネットでは、脳の部品をコンピュータ上でシミュレートするという大胆な試みがなされてきた。それによって「思考」といえるようなものを模倣しようというのだ。

脳の活動の基礎となっているのは、ニューロンといわれる特殊な神経細胞だ。人間は誰でも約一〇〇〇億個のニューロンをもっており、それが何百京《けい》[京＝兆の一万倍]の回路で互いに結ばれている。コンピュータでニューロンに相当するのは、入力されたシグナルをある種のコントロール信号の状態に応じて強めたり、弱めたりする部品だ。コントロール信号に対する反応様式に応じて、その部品の振るまいは非常に違ったものになりうる。パラメータの設定によって多数の可能性が生じる。このような部品をいくつかつなぎ合わせれば、そのヴァリエーションの総数はたちまち巨大なものになる。こうしたものをニューラルネットとよんでいる。

しかしどのようにしてパラメータを選んだらよいのか。たとえばある金融機関が借り手の年齢、収入、資産など、入手可能な情報をもとに融資を認めるかどうかを決定したいと考えているとしよう。理想的にはこれらの情報を入力すると、「可」あるいは「不可」という答えが返ってくるようなニューラルネットがあるとよい。しかも本当に信用に値する借主だけが融資を受けられるような回答でなければならない。

そのためには、訓練のために数多くの実例をこのネットにあらかじめ与えておく。実例として使うのは他の方法ですでに「可」あるいは「不可」という結果が出るべきケースと分かっている状況だ。ここでニューラルネットのパラメータを、その「トレーニングセット」上で正しい回答が出てくるように調整する。この個所で、一部はかなり高級なレベルの数学的手法が必要となる。こうしておけば今度は、銀行にとってもコンピュータにとっても新しい状況が生じた場合でもニューラルネットを信頼できるようになるのではないかという希望がもてる。

「古典的」数学はこうしたやり方に対しては、どちらかといえば懐疑的だ。なぜなら現実を模倣したモデルをこのように一歩一歩調節していくやり方では、関連性についての理解がすっかりなおざりにされるからだ。とはいえ、銀行員が「勘を頼りに」行なう決定が、はたして、よく訓練されたニューラルネットの提案よりずっと根拠があるかどうかは問われていいだろう。

パーセプトロン

では脳細胞はどのようにコンピュータ上でシミュレートされるのか。いちばん初期の提案の一つがパーセプトロンで、一九六〇年代にすでに研究された。もっとも簡単なものでは、パーセプトロンは何本かの入力のための電線と一本の出力のための電線がついているブラックボックスとしてイメージできる(図1)。

さてここで特徴的なのは、x_1、x_2、…という入力信号が、重みづけ係数g_1、g_2、…と

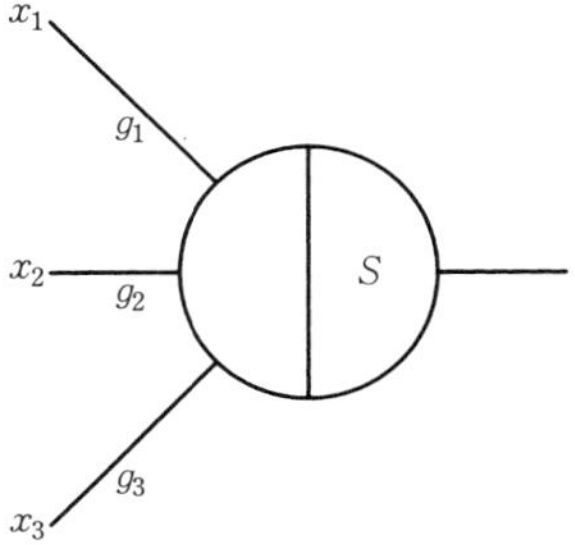

図 1　パーセプトロン

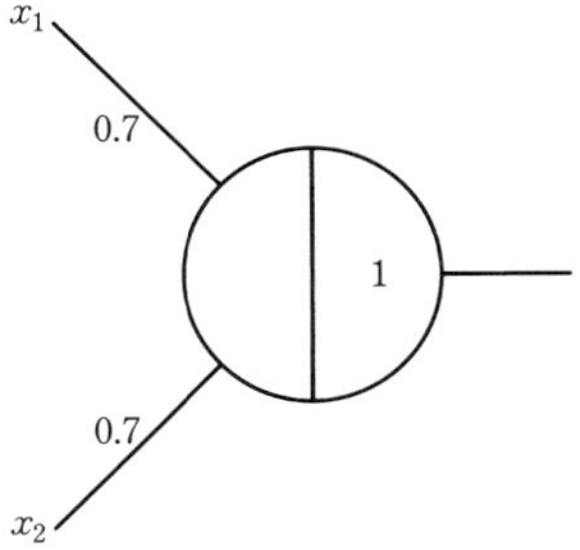

図 2　AND 回路としてのパーセプトロン

掛け合わされてから加算されることだ。そしてこの総計、すなわち $g_1x_1 + g_2x_2 + \cdots$ が閾値Sを超えるかどうかが検証される。もし超えれば出力の電圧が1に設定され——そのときパーセプトロンは「発火」しているという——、そうでないときには0に設定される。

一例として、二つの入力信号が電圧を介してパーセプトロンに伝えられるというケースを考えてみよう。閾値Sは1、両方の重みづけ係数はそれぞれ0.7とする。今、入力の片方だけが電圧1(そしてもう片方が電圧0)ならば、重みづけの総計は0.7となる。これは閾値1よりも小さいので、この出力は0となる。これに対して両方の入力が1であれば、総計は1.4となりパーセプトロンは発火する。

表現を変えれば、重みづけと閾値を適切に選択してやれば、パーセプトロンでAND回路が作れるということだ(図2)。

しかしパーセプトロンにはもっと多くのことができる。読者の中には $ax + by = c$ の形の等式を満たす座標 (x, y) で表されるすべての点の集合は直線になるということを、中学校で習ったのを覚えている人もいるだろう。ということは $ax + by$ の計算で答えが c より大きくなるような点 (x, y) は、この直線の一方の側にあるということだ(図3)。

パーセプトロンの場合なら、x、yをそれぞれ入力電圧、a、bを重みづけ係数、cを閾値に設定する。するとパーセプトロンはある点が一つの直線の片側にあるかどうかを判断できる。しかもAND回路が可能だから、パーセプトロンをつないでやれば、ある点が三角形の内部にあるときだけ電圧1を出力するような脳のミニモデルを作ることができる。ただしそのさい、点の座標は電圧として入力しなければならない。アイデアは簡単だ(図4)。つまり次の条件が満たされれば、その点は間違いなく三角形の内部にある。

「その点は$G1$(第一の直線)の右にある」AND「その点は$G2$(第二の直線)の左にある」AND「その点は$G3$(第三の直線)の上にある」

もっと本格的な応用分野になると何十個ものパーセプトロンがつながれる。そのようにしてできたものをニューラルネットとよんでいる。入力信号に加える重みづけの正しい選択は、巧みなトライ・アンド・エラー戦略を通じて探索される。ここで「正しい」というのは、入力信

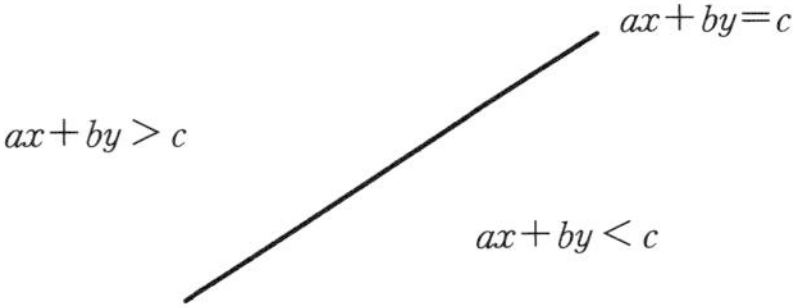

図3　平面の半分は「$ax+by<c$」で説明できる

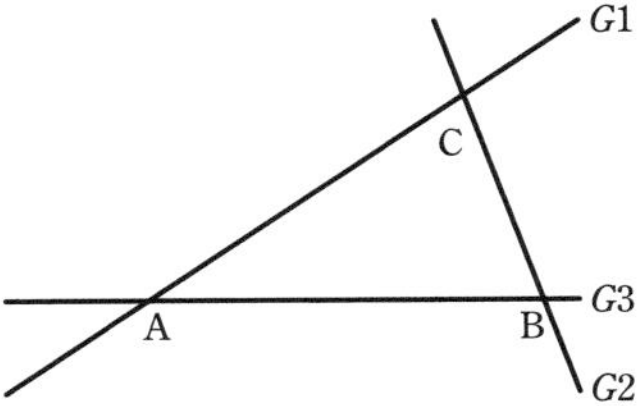

図4　パーセプトロンはこうしてある点が三角形の内部にあるかどうかを判断する

号が望み通りの出力信号を生み出すという意味だ。融資の申込みがあったとき、給料、土地資産、職場の安定性などといった入力が有利なものであれば、ニューラルネットは1という値(融資に値する!)を出力するはずだ。しかしあぶなっかしい候補者の場合には銀行に警告を発してくれるだろう。

第49話　大きい、より大きい、一番大きい

誰かの前にリンゴが入ったかごが二つあったとしよう。どちらのかごにより多くのリンゴが入っているかを確定しなければならないとき、どうするか。一番簡単な解決法は、それぞれの数を数えてみることだ。あとはそこで得られた二つの結果を比べてみればいい。

では、そこまで数が数えられない場合にはどうするか。その場合でもなお確定することはできる。二つのかごから同時に一個ずつ、可能な限りリンゴを取り去っていく。そうすれば最初に空になったかごのリンゴのほうが少なかったことは間違いない。

つまりわれわれは数を数えられなくても、量の大きさを比較することはできるということだ。このアイデアを、集合論の創始者ゲオルク・カントールは無限集合にもあてはめて大成功をおさめた。ほんのわずかな修正をリンゴの例に加えればそれでいい。リンゴを一対にして取り除く代わりに、一方のかごの中のリンゴを一列に並べ、もう一つのかごのリンゴを、やはり一列にそのリンゴの下に並べていくという方法もある。それは

ちょうど同じところで終わる(リンゴの数が同じ)かもしれないが、そうでなければまた数の違いがすぐに分かる。

その意味では偶数は、奇数と「まったく同じ数だけ」存在する。それを調べるには、2、4、6、…という数字を、1、3、5、…という数字とたがいに関連づけ(「上下に並べていき」)、1には2が、3には4が、5には6がそれぞれ対応するようにすればいい。

すでにカントールは、数の集合の大きさに関連した現象について初めて驚くべき発見をしていた。たとえば有理数の集合、つまり7/9や1001/4711といった分数の集合を考えてみよう。この集合には1、2、3、…という自然数の集合とまったく同じ数の要素が含まれている。と言われてもこの結論は明白というにはほど遠い。素朴に考えれば、自然数より分数のほうが「ずっとたくさん」存在しているように思ってしまうかもしれない。

カントールはまた分数の集合といえども数全体の集合からみるとほんのちっぽけな集合に過ぎないことも証明して見せた。無限小数を加えると巨大な集合ができあがり、そのすべての要素を1、2、3、…という数に対応させることは、どんなに巧みな手法を用いても不可能だ。

いろいろな点で無限大も、数と同じようなふるまいをする。たとえば無限大同士を数のように対にして比較することができる。二つの無限集合を比べて、一方が他方と同じくらい無限であるとか、他方より「さらに大きな無限」であるとか言えるのだ。もっともこの領域にはいたるところに罠が仕掛けられていて、多くの場所にパラドックスや誤謬が潜んでいる。だから大半の数学者も「あまり大きすぎない」無限集合に話をとどめておくことが多い。

分数は自然数と同じだけ存在する

先にふれた驚くべき事実、すなわち分数が自然数と同じだけ存在するという事実は、うまい図を書いてやれば納得できる。その前にまず「集合Mは、自然数の集合と同じだけ多くの要素をもっている」という陳述が何を意味しているかについて分かっていなければならない。それは、集合Mの全要素を一歩ずつ踏破できるような散歩コースをMの中に見つけることができる、ということを意味している。たとえばMが偶数の集合であれば、これは可能だ。つまりn歩目に$2n$という数を踏破していけばいい。このようにすればあらゆる偶数につきあたるだろう。4322という数ならば二一六一歩目に到達する。

しかし相手が分数となると、どのようにして全分数のもとに立ち寄れる散歩コースを作ったらよいのだろうか。カントールは次のようなアイデアを考えついた。分数は巧み

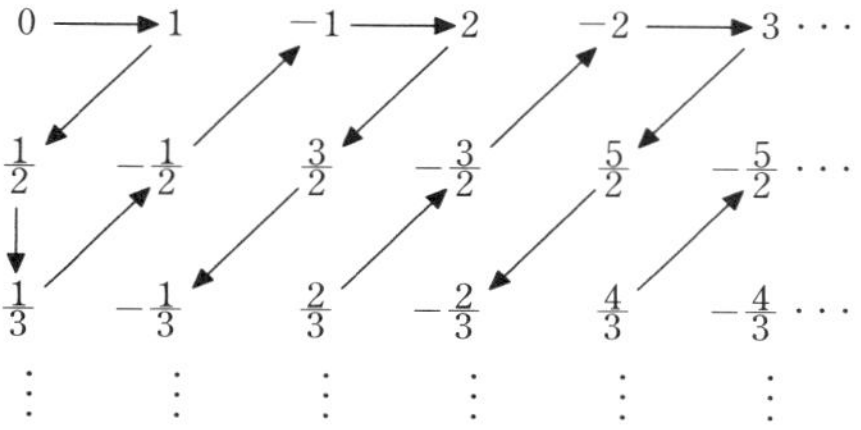

図1　すべての分数を辿る「散歩道」

に並べられる。最初の行にはまず分母1の全分数を並べる。つまりそれは次のように始まる。

$$0,\ 1,\ -1,\ 2,\ -2,\ 3,\ -3,\ \ldots$$

すべての負の数も包摂するために、正負の符号を交互につけることにする。

次に二行目には、(約分をできる限り行なった後で)分母が2となる全分数を並べていく。

$$\frac{1}{2},\ -\frac{1}{2},\ \frac{3}{2},\ -\frac{3}{2},\ \frac{5}{2},\ -\frac{5}{2},\ \ldots$$

以下、分母3、分母4、…についても同様に並べていく。

このようにすれば、この無限大の四角い表の中にはすべての分数が見つかるはずだ。たとえば12/1331であれば、一三三一行目のどこかに登場する。しかしこれだけではまだ、表中のすべての数を辿れる散歩コースがない。単純に考えると、これはなかなか成功しない。たとえば一行目をいくら辿って行っても、1/2には永遠に辿り着けない。こつは、図1に示すようにジグザグ行進をしていくことだ(この証明は、「最初のカントールの対角線論法」という名前で知られている)。

つまり0を出発点として、そこから1, 1/2, 1/3, −1/2, −1, …と進んでいく。たしかに散歩者が、たとえば一万歩目にどの分数に辿り着くかということを予測するのはかなり難しい。それでもいつかはそこを通り過ぎるということは明白だ。だから分数は自然数とまったく同じだけ存在することになる。

第50話 情報をいかに理想的な状態で届けるか

いろいろな情報を、同じ分野に関心のある人々のもとに届ける必要性は、ありとあらゆる生活分野で生じてくる。ジャズ・ミュージシャンたちは即興演奏するハーモニーについて互いにどのように情報交換しているのだろうか。タンゴでは基本ステップをどのように踊るのか。今、レジで支払いをしようとしている商品にはどのような数字が付随しているのか。数学ではこうした問いをもとに、独自の一分野が発展してきた。符号理論がそれだ。より正確に言うと、それは情報を「理想的な状態で」送り届けられるようにパッケージするための理論だ。ただしそのさい「理想的」とはどういう意味かは、その時々の状況によってさまざまに異なりうる。

たとえばあるニュースが、伝達過程でいくつかエラーが生じた場合にも受信者が読めるようにするには、どのようにして送ればいいだろうか。非常に素朴な問題解決策は、同じニュースを何度も――たとえば五回――送るようにすることだろう。そうすれば五回ともすべて同じ個所で情報が解読不能になったり、改竄されたりする確率はきわめて低くなる。したがって受信者は、その情報が何を伝えたかったかを確実に読み取ることができる。

とはいえ、この方法の欠点は極端に不経済なところだ。これよりはるかにエレガントな解決方法がある。そのためには――コンピュータを使うときにはいつでもそうするように――伝達すべき記号の一つ一つを0と1からなる数列に翻訳する。ここではとりあえず、一つの記号に、あわせて一〇個の0と1からなる数列が対応していると仮定しよう。その数列が正しく伝達されたかどうかをチェックするための簡単なテストとして、この一〇個の中に含まれる1の総数が偶数個あったかどうかに応じて、そのあとに0または1をつけ加えるようにする。そうすれば受信者は、この「テスト数字」が情報とあっていない場合には、何かがおかしいということが分かる。わずか一〇％の労力を余分につぎ込むだけで、伝達の正しさをチェックすることができるのだ。もっとも、間違いがあると分かったとしても、正確にはどこに間違いがあるのか、そして――間違いがあったとして――それをどのように訂正すればよいのかは、これではまだ分からない。しかしこうしたことはすべて、より洗練された手法を用いれば解決できる。

符号理論のすごいところは、きわめて強い障害のある伝達経路でもニュースを安全に送り届けられるところにある。送り届けられた結果は言葉の真の意味で自分の姿を現す。符号理論の成功を物語る典型例は、はるかかなたの宇宙ステーション――たとえば火星のそれ――から送られてきた映像だ。それに比べればはるかに簡素だが、似たような手法はあなたのCDプレーヤーの中でも使われている。組み込まれた符号理論のおかげであなたは自分の好みのCDにうっかり深い傷をつけてしまっても雑音なしにそれを聴くことができるのだ。

誤り訂正コード

チェック記号が入ることで分かることは、どこかに間違いがあるということだけだ。先に述べたような方法でたとえば01100001011というメッセージを受け取ったとしよう。これは伝達の過程でなにかよからぬことが起こったに違いない。つまりこの数列に含まれる1の総数は奇数になっているからだ。本来なら11個の数からなるこの情報単位においては、いずれにおいても1の総数は偶数になっているはずだ[最初の一〇個の中に1が偶数個あれば0が加えられるから全体は偶数。もし奇数個あれば1が加えられるからやはり偶数個になる]。

このような簡単なテストでも時によっては十分で、スーパーのレジなどがその一例だ。読み取り機はバーコードを読み取るときにミスをすると自分でそれに気づく。そのときにはレジ係がもう一度商品を読み取り機にかざさなければならない。

しかし場合によっては、どのビットが間違って伝達されたのかをもっと正確に知りた

(1) a_1, a_2, a_4 に含まれる 1 の総数が奇数なら $a_5 = 1$, さもなければ $a_5 = 0$ とする.
(2) a_1, a_3, a_4 に含まれる 1 の総数が奇数なら $a_6 = 1$, さもなければ $a_6 = 0$ とする.
(3) a_2, a_3, a_4 に含まれる 1 の総数が奇数なら $a_7 = 1$, さもなければ $a_7 = 0$ とする.

いこともある。つまりそれが分かれば訂正し、もとの情報を再構成することができるからだ。

簡単に応用できるその種のコードは、一九四八年にR・W・ハミングによってはじめて記述された。その自己訂正のアイデアはじつに革命的だった。

ハミングのアイデアを説明するために、ここでは四つの記号からなる0と1の数列を考える。その数列を一般的にa_1, a_2, a_3, a_4とよぶことにしよう。もとの数列が0110であれば、$a_1 = 0, a_2 = 1, a_3 = 1, a_4 = 0$というわけだ。さてここで三つのチェックビットをこれに付け加える。これをa_5, a_6, a_7とする。規則は上の表のように定める。

こうして$a_1, a_2, a_3, a_4, a_5, a_6, a_7$の七個からなる数列が送信される。われわれの例――送るべき数列0110――では、この情報が0110110に拡張される。たとえば最後の0は、a_2, a_3, a_4(つまり1、1、0という数列)に含まれる1の総数が偶数であることから決まる。

それでこれがなんの役に立つのか。仮に送信過程でミスが

(1) a_2 が誤っている場合 = 奇数, 偶数, 奇数
(2) a_3 が誤っている場合 = 偶数, 奇数, 奇数
(3) a_4 が誤っている場合 = 奇数, 奇数, 奇数
(4) a_5 が誤っている場合 = 奇数, 偶数, 偶数
(5) a_6 が誤っている場合 = 偶数, 奇数, 偶数
(6) a_7 が誤っている場合 = 偶数, 偶数, 奇数

生じ、ビットのうちの一つが間違って受信されたとしよう。そのとき考慮すべきは、もしすべてがミスなく受信されたのであれば、$a_1a_2a_4a_5$ と、$a_1a_3a_4a_6$ と、$a_2a_3a_4a_7$ の各数列の中には、いずれも1が偶数個含まれていなければならないということだ。もしここで a_1 が間違って受信されたならば、$a_1a_2a_4a_5$ と、$a_1a_3a_4a_6$ に含まれる1の総数が奇数になり、$a_2a_3a_4a_7$ のほうは大丈夫だろう。すると、そのパターンは奇数、奇数、偶数という形になるはずだ。では、ほかのビットが誤って送られた場合にはどういうパターンになるだろうか。それを示したのが上の表だ。

つまり、$a_1a_2a_4a_5$ と、$a_1a_3a_4a_6$ と、$a_2a_3a_4a_7$ の各数列のどこに1の総数の間違いが見つかるかを分析すれば、どのビットが間違っているのかを一意的に推論することができる。それを修正すればどんな場合でもオリジナルの数列を手にすることができるのだ。

一例をあげよう。0110110 が途中で誤って 1110110 に改竄されたとしよう。われわれは $a_1a_2a_4a_5$ と、$a_1a_3a_4a_6$ と、a_2a_3

a_4a_7に、つまり1101，1101，1100に含まれる1の総数を見てみる。すると1の総数は奇数、奇数、偶数のパターンになっている。つまり間違いは最初の桁にあったに違いない。

この方法であれば、もともとの情報には関係のないa_5, a_6, a_7のビットが間違って届いているかどうかさえ認識できる。そうなれば通信経路に完全な信頼性がおけないことの状況証拠になるというだけのことだ。

ただしこのハミング・コードでは、二つ以上の間違いがあるかどうかは確定できない。しかし今や、より洗練された符号化を用いることによって任意の長さの0と1の数列における二個、三個、あるいはそれ以上の間違いが修復できる。これはCDが機能するためのきわめて基礎的な技術だ。なぜなら一〇〇%情報に間違いの起こらない製品を作ろうとすれば、一枚のCDがとてつもない値段になってしまうだろうからだ。

『ディ・ヴェルト』のコラム「五分間数学」について

ノーベルト・ロッサウ

数学は、大半の現代人にとって特に好きな学科というわけではないだろう。数字や公式とつきあうのは難しく、分かりにくく、抽象的で、なによりも実生活からほど遠い感じがする。数学に心から夢中になれるためには——音楽などと同じように——やはりある程度の才能というものがじっさい必要なのかもしれない。

それでも私には一つの確信がある。数学という魅惑の国に通じる一本の橋さえあれば、非常に多くの人がこの諸学の女王ともいうべき学問に足を踏み入れたくなるに違いないという確信が。学校の先生たちは数学教材を「実生活」に根ざした面白い物語の中にうまく組み込んでいくことによって、こうした橋を架けることができる。たとえば抵当貸付のための理想的な契約条件の計算を通して、抽象的な関数グラフの勉学動機を高めるというのはどうだろう。あるいは複雑な間取りのマンションの正確な広さを求め、部屋に壁紙を貼るために何ロールの壁紙が必要かを、幾何学を利用して計算するというのはどうだろう。あるいは素数であれば、情報組織の暗号や暗号文解読の話をすればきっと多くの生徒が聞き耳をたてることだろう。

科学の基礎ともいうべき数学はわれわれの生活のいたるところで用いられている。それはレジのバーコード読み取り機から複利計算、キャッシュカードの暗証番号から新型乗用車や航空機の開発、あるいは医学に用いられるX線CTにまで及ぶ。数学は宇宙探査機を遥かなる惑星に向かって飛ばし、ロボットに生命を吹き込む。数学は技術進歩のペースメーカーであり——じっさいにその中に足を踏み入れれば——信じがたいほど面白いものなのだ。

数学に通じる橋が、かりに学校時代に作られなかったとしても、大人になってあらためてこの学問に接近する道はまだ残されている。メディアでは科学欄や科学番組が占める地位が近年目に見えて向上してきた。ただ残念ながらそれはまだ数学にはあてはまらない。数学はもっと注目されてもいいはずなのに、数学的なテーマを定期的に、あるいは少なくとも断続的に取り上げている新聞や放送局は非常に少ない。多くの編集者、制作者にとって数学はまさにタブーであるらしい。

『ディ・ヴェルト』はこうしたタブーからは自由な新聞で、たとえばかつて円周率πの性質を紹介するのに見開き紙面を割いたことさえある(二〇〇六年二月二五日)。

それどころか、エアハルト・ベーレンツ教授の手になる週刊コラム「五分間数学」を通じて、この新聞はなんと一〇〇週間にわたって数学上のテーマに確たる紙面を提供し続けた。数多く寄せられた投書からわれわれは、読者がこのコラムにひじょうに強い関心を寄せていたことを知っている。このコラムでは数学が——読者をひきつける物語の中に織り込まれて——簡明に、分かりやすく、かつ正確に説明されていた。するとどうだろう。あれほど日頃から評判の悪かった数学が、突如、じつに多くの人々からはっきりと歓迎されたのだ。

『ディ・ヴェルト』のコラム「五分間数学」は、この新聞の定期購読者にとどまらず、もっと多くの人々に読まれる価値のあるものだった。それゆえわれわれは、フィーヴェーク出版が本書を通じてもっと広い読者層にこの一〇〇編［本書では五〇編を抄訳］のコラムを送り届けてくれることを喜んでいる。

ベーレンツ教授は数学の世界に通じる橋の建築家だ。氏は数学的内容を、無味乾燥な抽象性をまったく感じさせないほど巧みに包装してくれる天賦の才を持っている。数学の地位と名声が長い目で見てもっと高まっていくべきだとすれば、われわれはベーレンツ教授のような著者を——そしてもちろんそうした著者に紙面を提供するメディアを——もっと多く必要としている。

（『ディ・ヴェルト』科学部部長、コラム「五分間物理学」執筆者）

訳者あとがき

二〇〇三年五月、ドイツの新聞『ディ・ヴェルト』に「五分間数学」(Fünf Minuten Mathematik)と題する連載コラムが登場した。これは編集部にとってもさぞかし勇気を要する企画だったに違いない。全国紙としては史上初の試みとのこと。さもありなん。なにしろ数学といえば、大半の読者にとってよき思い出とはほど遠い、学校時代のたえざる頭痛の種だったに違いないからだ。

しかし、いざふたを開けてみると、このコラムは予想以上に好評を博し、結局二年にわたって休刊日以外は中断されることなく続けられた。

著者はベルリン自由大学の数学教授エアハルト・ベーレンツ。数多くの専門書のほか、一般向けの入門書を手掛けてきた数学者で、高度な数学世界を素人にも分かりやすく説明する手腕にはつとに定評がある。読者からの要望もあり、計一〇〇編で完結したコラムは連載終了後、著者の加筆修正を経て一冊の本にまとめられた。

それが本書の底本となった次の著作である。

Ehrhard Behrends: "Fünf Minuten Mathematik—100 Beiträge der Mathematik-Kolumne der Zeitung Die Welt", Mit einem Geleitwort von Norbert Lossau, Friedr. Vieweg & Sohn Verlag/GWV Fachverlage GmbH, Wiesbaden 2006.

本書ではこの一〇〇編の中から、日本の読者にとくに楽しんでもらえそうな五〇編を選びだして訳出することにした。すべてを紹介するとあまりにも大部な訳書になってしまうことがすぐに判明したからだ。しかし、いざ選択しようとすると、甲乙つけがたい面白い記事があまりにもたくさんあって、予想以上に骨の折れる作業となった。そこで取捨選択に当たっては、もともと本書を出版社に紹介してくださった京都大学の上野健爾先生にも専門家の立場からご助言をいただいた。

その作業の過程で、どうせ選びだすならば、ついでに全体を内容別に五部に分け、それぞれの部では比較的易しいものから難しいものへと進めるようにしてはどうかという提案がなされた。本書の目次が最終的に原著と大きく異なるものになったのは、こうした経緯による。

しかし、各編はもともと読みきりのコラムとして書かれたものだ。読者は必ずしも最初のページから順を追って読んでいく必要はない。通勤電車の中で、あるいは仕事や家事の合間に、さらには受験勉強の息抜きに、たまたま開いたページから読んでいただいていっこうにさしつかえない。素早く通読するよりも、むしろ一回につき一つのテーマを、完全に納得できるまで、じっくりと考えながら味読することをお勧めしたい。

訳者にも思い当たる節があるが、決められた時間内に解くことを要求され、点取り競争の道具と化した数学ほど苦痛なものはない。しかし、時間の制約もなく、人と競争することもなく、不思議な論理の世界を自由に逍遥することができるならば、人間にとって数学ほどぜいたくな知的遊戯はない。学校時代にあれほど多くの人が数学に苦しめられながら、今なお世の中に静かな数学ブームが続いているのは、このことに多くの人が気づき始めているからにちがいない。望むらくは、その楽しさが学校で今なお数学に苦しんでいる子どもたちにも、本書を通じて、あるいは本書の読者を通じて広く伝えられんことを。

本書の翻訳にあたっては、企画段階から、コラムの選択を経て、訳文チェックや目次構成にいたるまで、岩波書店編集部の吉田宇一氏に大変お世話になった。氏の支援なしには、門外漢の私に本書の翻訳はとうていできなかっただろう。末筆ながら上野先生と吉田氏に心より御礼を申し上げます。

二〇〇七年一一月

鈴木　直

解説

円城塔

数学について語ることは難しい。

数学というものについての捉え方は人それぞれで、百人いれば百人の、N人いればN人なりの数学というものがありうるからで、しかもそれら各人の数学は、本質的には同じものであるということなので、事態は非常にややこしい。ただしここで、Nは1以上の整数とする。

数学は、誰がやっても数学なのだが、それをどう考え扱うのかには、大きな差異があるわけであり、ひどいときには、同じ数学を語っているはずなのに、ちっとも話が通じないなどということさえ起こる。数学はなにも数学者だけが取り組むものではなく、周辺各分野でも広く利用されているわけで、理学や工学、経済学、医学にだって登場する。それぞれの分野が数学に寄せる期待は異なっていることだって多いのであり、抱かれているイメージの方もさまざまということになる。

それでも一つ確かであろうと思われるのは、人はいつか何かのきっかけで数学をはじめるのだということで——と書いてみて、いやそうとも限るまいという気持ちもしてくる。中には生まれつき数学を考えていたという者だっているのだろうし、数学について考えないということが考えられないという人だって、世の中にはいるはずである。数学に目覚める前に寿命が尽きるということは起こる。

小学生のときに何か数の性質に気がついたという人もあれば、学生時代に一度成績がよかったのでやる気になったという人もいるはずであり、パズルがむやみに好きであるとか、とにかく論理を立てたいだとか、ある日、頭の中に数学が降ってきた、という人だっているはずである。

誰かにとって読みやすかった数学の本が、他の人にもわかりやすいかというとそう決まったものではなくて、多くの者には何を言っているのかわからないのに、ごく少数の人々の心を非常に深く打つ本などというものもある。

というように、得体の知れない代物であり、正体がひどくつかみにくい。

数学は普遍的なものだといわれる。十進法を利用する人類と、二進法で暮らすコンピュータがそれぞれ違う数学を利用しているなどということはふつうありえない。昨日の数学的な結果は今日の数学的結果と同じであるはずだし、未来永劫同じ数学的真理であるはずであり、遠い宇宙の果てにおいても、数学的な真理は同一のものであるはずである。

だからあるとき、宇宙人がやってきて、何かを話しかけてきたとする。ＳＦによくある状況としてこういうときはまず、数についての合意をとることになっていて、それはやっぱり、人間とはまったく異なる宇宙人でも数学は同じだろうと強く期待できるからである。

ただし、宇宙人の中にも数学が苦手な者はいるのではないかという心配は残る。

何かが真理であることと、それが誰にも素直に理解できるものであることとはまったく別の話である。

手順を追えば誰にでもすんなり理解できるということならば、数学の先生というものは不要になってしまうかもしれず、ただ本を読み進めればすみそうだ。その場合、「数学が苦手」という人は単に、「本を読むのをさぼっている人」ということになりそうなのだが、現実はそれとは大きく違う。わかる人にはすんなりわかって、何がわからないのか想像すらつかないところが、他の人にはいくら考えても全然わからなかったりする。わかったほうは、当たり前の事柄がわからないのは変だと感じ、わからないほうはわかるほうが変だと感じる。同じ説明を前にしてもこうしたことはまま起こる。よく、教室の黒板の前などで発生する。

ここで起こるすれ違いはどうしても根性論に回収されてしまいがちである。この「誰にでもできるはずだ」という信念にはとても強いものがあり、本当に数学が怖いなどということはあまり真剣に考えられていない気配がある。

たとえばわたしは、犬が怖い。特に理由はなく無闇と怖い。そこいらへんの小型犬に噛み殺されたりはまずしないだろうとわかっていても、怖いものは仕方がない。

たとえばわたしは、泳げない。人間は浮くものだとか言われても泳げぬものは泳げない。どうも息継ぎがうまくいっていないことまでは理屈として理解している。しかし水中に頭を沈めてしまうと思考のほうはとんでしまって、軽いパニックのようなものが忍び寄ってくることになる。理屈がわかっていれば恐怖は克服できるというのはすべての場合に当てはまるような話ではない。

たとえばわたしは、ルービックキューブが変に怖い。今も傍に色の揃わぬルービックキューブが転がっているが、この存在がなんだか心を波立たせる。世の中には、直観的に各面を揃えることのできる人もいるはずなのだが、わたしにその種の能力はない。それでも、その気になりさえすれば、解法を見つけ出せるだろうとは考えている。何らかの方針を立て、その中に出てくる配置を書き出して、操作に対する結果の表あたりをつくれば、なんとかたどり着けるのではないかと思う。しかしそうして解法にたどりつくまでには結構な時間がかかりそうだとも考えていて、わたしにはそこまでの強い興味が、ルービックキューブに対してはない。少し調べれば、すでに存在する解法を探し出せることもわかっているし、それに従えば六面の色を揃えられることもわかっている。しかし、ただ指示に従う作業を、色の散らばった立方体におこなうという気もまた起こらずにいる。今のところ、ルービックキューブを真剣に考えたくなるような縁に恵まれなかった。縁のないものがそこに転がっているのは、なんだか怖い。

これらの反応を、非合理的と切って捨てることは簡単なのだが、しかし人間は有限の時間を生きる、情動的な生き物であり、数学的な思考を続けるうちに、ある日、人間らしさを見出したわけではないのである。

当たり前だが意外に知られていない事実として、数学に取り組むときには動機がある。多くの場合数学とは、形式化によって何かを理解しようという試みである。形式化を施さなければ思考できないことを考えたくなったので、形式化をする。たとえば、一つのクラスに同じ誕生日の人間がいる確率はどれくらいか？(本書第33話を参照)

こうした問いを哲学的に考察したり、占いをはじめてみてもあまり益はないのであって、計算せよ、ということになる。計算しないとわからないのでそうする。計算せずにわかるのならば、こうした問いが問いとして現れることがまず起こらない。

ふと見ると、黒丸がこんな感じに並んでいたとする。

ここで、黒丸はいくつあるかと聞かれて悩む人はほとんどいない。見たままだからだ。しかしこれが、

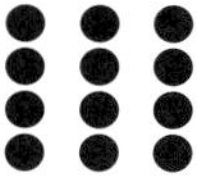

となると事情は少し変わるのであり、多くの人は、無意識的に、３×４＝12という計算を頭の中で実行したのではないか。黒丸を一つ一つ数えるのは面倒だし、間違いだって起こりかねない。ここでは、一つ一つ考えるのは面倒だ、という感覚が形式化の動機となっているわけであり、黒丸の数を知りたいがゆえに、形式化が動員された。ここでの形式化とは何かというと、無論、掛け算の発明ということになる。猿が人に変わる間のどこかで発明されたのではないかと思われる。

　掛け算というものが編み出されなければ、人類の歴史は今よりも暗いものになっていたのではないか。

物の数を数えるというのは、何かの行動に移るにあたり、強い動機でありうる。所持金や、財産としての牛の数を把握したいときなどに顕著だ。

当人に意味の見出せない行為の強制は拷問に通じるものがある。たとえば、そこに穴を掘らせる。そうしてそれを埋め戻させる。そうしてまた穴を掘らせる。そうしてそれを埋め戻させる。そうしてまた、と繰り返させるようなものである。

もしもその行為に、土の中に空気を入れるという目的があるということならば、身の入り方も違うものになるはずだが、それはやっぱり意味を見出すことができたからであり、規則に従う行為自体に喜びを見出し続けることは難しい。

なんでもいいのでやってみる、やってみるうちに楽しさがわかってくることもある、というのは確かである。何にせよ手を動かさなければ頭のほうも働かないというのも事実なのだが、なにもその方法だけに固執する必要はない。

たとえば数を操るときに、九九くらいは暗記しておいたほうがのちのち便利だ。しかしひたすら九九を、将来役に立つからという理由だけから強要するというのも無粋な話で、中には九九を唱えつつ、3×4と4×3がどちらも12になるのはなぜかと不思議に感じている者もいるはずであり、そういう相手に対しては、数の性質についての話が面白く響くはずである。

一つの現象に対して多くの、あるいは無数の、手を変え品を変えた説明が可能なところが数学というものの面白さであり、3×4と4×3くらいの話であっても、さまざま解説のしようはありうる。先ほど出てきた、3列4行で並んだ黒色たちは、これを横に回して4行3列とみたところで、そこに12個の黒丸があることには変わらない。ゆえに、3×4と4×3は同じ12になるのであるという解説もありうるし、もっと抽象的に、自然数というものは、乗算に対して可換という性質を満たすある種の数のグループなのだ、という解説だってありうるわけだ。

ここで、どちらの説明がわかりやすいかは「人による」。そのときの体調にもよるし気持ちにもよる。人間は、同じ説明をいつでも同じように解釈する生き物ではなく、説明に対する好みもある。黒丸を並べるような「解説」を数学的な事柄に関する解説とはみなさないという人だっているはずだし、「乗算に対して可換という性質を満たすある種の数のグループ」なんていうたるんだ文章は数学的とは認められないという人もいるはずであり、「自分であればもっとうまく説明できる」と考える人がいるはずである。

数学的に考えるということは、そういう対話をはじめることであり、ただただひたすら機械的に何かに従うことではないのだ。

数式だって、別に何かの嫌がらせのために発明されたものではなくて、他に書きようもないのでそうしているという見方もできる。たとえばそこに、半径 r の球がある。r とはなんぞや、ということになりそうなのだが、具体的な話は好きにしてもらってよいので、記号で書いているだけのことである。これを、「そこに球があって、半径は1メートルであっても、百万キロでも好きにしてもらってよい」といちいち書くのは面倒だし、読みにくい。

この球の体積は、$\frac{4}{3}\pi r^3$ である。

他にどういう書き方があるのか。「半径 r を三乗して、円周率を掛け、さらに4を掛け、3で割ったものが体積となる」というのはいかにも長いし、何を言っているのかよくわからない。もっとよい表記を思いついたらむしろ提案して欲しいくらいの話で、よりマシな方法を思いつかないので、しぶしぶ数式を使い続けているという事情がある。$\frac{4}{3}\pi r^3$ とは単に、「はんけいをさんじょうしてえんしゅうりつとさんぶんのよんをかける」という見えないルビの振られた文章にすぎず、これは球の体積を正確に知りたいと考えた人々がたどり着いた答えである。球の体積なるものに特に興味のない人には、つまらない文章であるかもしれない。

どこかに入り口さえみつかれば、そこから勝手に道が拓けていくのも数学の不思議さである。たとえば掛け算の順番が気になった人は、掛け算の順番によって答えが変わるような「数」はあるのかと考えることになるかもしれないし、「数」とはなんであったかと、当たり前に思えていたことがわからなくなってきたりするかもしれない。長さ$2r$の直線と、面積πr^2の円と、半径rの球体の体積の間に何かの関係を見出した人は、高次元における球体を想像しはじめたりするかもしれない。

当たり前だが、何を考えるかは自由である。たとえそれが真実であるかのように書いてあり、周囲の誰もがそれに納得していても、何かが変だと思えるならば、変に思える理由を考えることは自由だ。

たとえばわたしは、ベンフォードの法則(本書第36話)を、ずっとどこか変だなと考えていて、説明を読めば一応納得できるのだが、奇妙だという感覚はずっと残り続けている。というよりは、もっとうまく説明ができるのではないかと感じており、うまい言い方があるのではと思っている。何か大きなものへと繋がる別の道が隠れているのではないかと睨んでいる。間違っているというのではなく、もっと変えることができるのではと感じるのである。

と、前置きが長くなったが、本書はそんな、数学へのきっかけを与えてくれるかもしれない話題を並べ、手短に紹介してくれる本である。もとは新聞記事だったというだけあって(書籍化の際に加筆されている)、簡潔である。掲載は二〇〇三年からということなので一〇年以上昔の話題ということになるが、数学の良さは、時間の経過に対して堅固であるということにもある。

話題は多岐にわたっており、専門的な内容も多い。有理数、無理数、代数的数、といった用語を新聞に掲載できたという事実にはちょっと目をみはるところがある。純粋に数学的な話題もあれば、応用に関する話題もある。現代社会を支える電子的なやりとりに不可欠であるRSA暗号や、この頃盛んに話題にのぼりはじめた量子コンピュータなどにも話題は及ぶ。

五つの主題のもとにゆるやかにまとめられた50話はどこから読んでも構わないし、わからないところは飛ばしてしまって問題ない。むしろ、自分はどういった話題に興味があり、どういう話題が苦手であるのか、「どこが面白いかわからない」と感じるのか、という目星をつけてみるのが面白いかもしれない。数学者にだって、苦手な分野、直観の働きにくい分野、というものはある。この本に収められている話題にはどれも、それを心底面白いと感じ、考え続けた人がいたのである。

著者は、本書の執筆にあたり、三つのことを重視したという。

• 数学は役に立つ

- 数学は面白い
- 数学なしでは、世界は理解できない

この本を読む間にあなたが、

- 数学をもっと役立てることができる
- 数学をもっと面白くできる

と感じることがあったなら、そこに数学への入り口がある。

（作家）

本書は二〇〇七年一二月、岩波書店より刊行された。

5分でたのしむ数学50話　エアハルト・ベーレンツ

2019年5月16日　第1刷発行

訳　者　鈴《すず》木《き》　直《ただし》

発行者　岡本　厚

発行所　株式会社　岩波書店
〒101-8002 東京都千代田区一ツ橋2-5-5

案内 03-5210-4000　営業部 03-5210-4111
現代文庫編集部 03-5210-4136
https://www.iwanami.co.jp/

印刷・精興社　製本・中永製本

ISBN 978-4-00-600405-7　Printed in Japan

岩波現代文庫の発足に際して

新しい世紀が目前に迫っている。しかし二〇世紀は、戦争、貧困、差別と抑圧、民族間の憎悪等に対して本質的な解決策を見いだすことができなかったばかりか、文明の名による自然破壊は人類の存続を脅かすまでに拡大した。一方、第二次大戦後より半世紀余の間、ひたすら追い求めてきた物質的豊かさが必ずしも真の幸福に直結せず、むしろ社会のありかたを歪め、人間精神の荒廃をもたらすという逆説を、われわれは人類史上はじめて痛切に体験した。

それゆえ先人たちが第二次世界大戦後の諸問題といかに取り組み、思考し、解決を模索したかの軌跡を読みとくことは、今日の緊急の課題であるにとどまらず、将来にわたって必須の知的営為となるはずである。幸いわれわれの前には、この時代の様ざまな葛藤から生まれた、人文、社会、自然諸科学をはじめ、文学作品、ヒューマン・ドキュメントにいたる広範な分野のすぐれた成果の蓄積が存在する。

岩波現代文庫は、これらの学問的、文芸的な達成を、日本人の思索に切実な影響を与えた諸外国の著作とともに、厳選して収録し、次代に手渡していこうという目的をもって発刊される。いまや、次々に生起する大小の悲喜劇に対してわれわれは傍観者であることは許されない。一人ひとりが生活と思想を再構築すべき時である。

岩波現代文庫は、戦後日本人の知的自叙伝ともいうべき書物群であり、現状に甘んずることなく困難な事態に正対して、持続的に思考し、未来を拓こうとする同時代人の糧となるであろう。

（二〇〇〇年一月）

G377
済州島四・三事件
――「島《タムナ》のくに」の死と再生の物語――
文京洙

一九四八年、米軍政下の朝鮮半島南端・済州島で多くの島民が犠牲となった凄惨な事件。長年封印されてきたその実相に迫り、歴史と真実の恢復への道程を描く。

G378
平面論
――一八八〇年代西欧――
松浦寿輝

イメージの近代は一八八〇年代に始まる。さまざまな芸術を横断しつつ、二〇世紀の思考の風景を決定した表象空間をめぐる、チャレンジングな論考。〈解説〉島田雅彦

G379
新版 哲学の密かな闘い
永井均

人生において考えることは闘うこと――哲学者・永井均の、「常識」を突き崩し、真に考える力を養う思考過程がたどれる論文集。

G380
ラディカル・オーラル・ヒストリー
――オーストラリア先住民アボリジニの歴史実践――
保苅実

他者の〈歴史実践〉との共奏可能性を信じ抜く――それは、差異と断絶を前に立ち竦む世界に、歴史学がもたらすひとつの希望。〈解説〉本橋哲也

G381
臨床家 河合隼雄
谷川俊太郎
河合俊雄 編

多方面で活躍した河合隼雄の臨床家としての姿を、事例発表の記録、教育分析の体験談、インタビューなどを通して多角的に捉える。

岩波現代文庫［学術］

G382
思想家 河合隼雄
中沢新一
河合俊雄編

心理学の枠をこえ、神話・昔話研究から日本文化論まで広がりを見せた河合隼雄の著作。多彩な分野の識者たちがその思想を分析する。

G383
河合隼雄語録
カウンセリングの現場から
河合隼雄
河合俊雄編

京大の臨床心理学教室での河合隼雄のコメント集。臨床家はもちろん、教育者、保護者などにも役立つヒント満載の「こころの処方箋」。〈解説〉岩宮恵子

G384
新版 占領の記憶 記憶の占領
―戦後沖縄・日本とアメリカ―
マイク・モラスキー
鈴木直子訳

日本にとって、敗戦後のアメリカ占領は何だったのだろうか。日本本土と沖縄、男性と女性の視点の差異を手掛かりに、占領文学の時空間を読み解く。

G385
沖縄の戦後思想を考える
鹿野政直

苦難の歩みの中で培われてきた曲折に満ちた沖縄の思想像を、深い共感をもって描き出し、沖縄の「いま」と向き合う視座を提示する。

G386
沖縄の淵
―伊波普猷とその時代―
鹿野政直

「沖縄学」の父・伊波普猷。民族文化の自立と従属のはざまで苦闘し続けたその生涯と思索を軸に描き出す、沖縄近代の精神史。

岩波現代文庫[学術]

G387
『碧巌録』を読む
末木文美士

「宗門第一の書」と称され、日本の禅に多大な影響をあたえた禅教本の最高峰を平易に読み解く。「文字禅」の魅力を伝える入門書。

G388
永遠のファシズム
ウンベルト・エーコ
和田忠彦訳

ネオナチの台頭、難民問題など現代のアクチュアルな問題を取り上げつつファジーなファシズムの危険性を説く、思想的問題提起の書。

G389
自由という牢獄
―責任・公共性・資本主義―
大澤真幸

大澤自由論が最もクリアに提示される主著が文庫に。自由の困難の源泉を探り当て、その新しい概念を提起。河合隼雄学芸賞受賞作。

G390
確率論と私
伊藤清

日本の確率論研究の基礎を築き、多くの俊秀を育てた伊藤清。本書は数学者になった経緯や数学への深い思いを綴ったエッセイ集。

G391-392
幕末維新変革史(上・下)
宮地正人

世界史的一大変革期の複雑な歴史過程の全容を、維新期史料に通暁する著者が筋道立てて描き出す、幕末維新通史の決定版。下巻に略年表・人名索引を収録。

G393
不平等の再検討
―潜在能力と自由―

アマルティア・セン
池本幸生
野上裕生 訳
佐藤仁

不平等はいかにして生じるか。所得格差の面からだけでは測れない不平等問題を、人間の多様性に着目した新たな視点から再考察。

G394-395
墓標なき草原(上・下)
―内モンゴルにおける文化大革命・虐殺の記録―

楊海英

文革時期の内モンゴルで何があったのか。体験者の証言、同時代資料、国内外の研究から、隠蔽された過去を解き明かす。司馬遼太郎賞受賞作。〈解説〉藤原作弥

G396
過労死・過労自殺の現代史
―働きすぎに斃れる人たち―

熊沢誠

ふつうの労働者が死にいたるまで働くことによって支えられてきた日本社会。そのいびつな構造を凝視した、変革のための鎮魂の物語。

G397
小林秀雄のこと

二宮正之

自己の知の限界を見極めつつも、つねに新たな知を希求し続けた批評家の全体像を伝える本格的評論。芸術選奨文部科学大臣賞受賞作。

G398
反転する福祉国家
―オランダモデルの光と影―

水島治郎

「寛容」な国オランダにおける雇用・福祉改革と移民排除。この対極的に見えるような現実の背後にある論理を探る。

G399
テレビ的教養
—一億総博知化への系譜—
佐藤卓己

「一億総白痴化」が危惧された時代から約半世紀。放送教育運動の軌跡を通して、〈教養のメディア〉としてのテレビ史を活写する。〈解説〉藤竹　暁

G400
ベンヤミン
—破壊・収集・記憶—
三島憲一

二〇世紀前半の激動の時代に生き、現代思想に大きな足跡を残したベンヤミン。その思想と生涯に、破壊と追憶という視点から迫る。

G401
新版 天使の記号学
—小さな中世哲学入門—
山内志朗

世界は〈存在〉という最普遍者から成る生地の上に性的欲望という図柄を織り込む。〈存在〉のエロティシズムに迫る中世哲学入門。〈解説〉北野圭介

G402
落語の種あかし
中込重明

博覧強記の著者は膨大な資料を読み解き、落語成立の過程を探り当てる。落語を愛した著者面目躍如の種あかし。〈解説〉延広真治

G403
はじめての政治哲学
デイヴィッド・ミラー
山岡龍一
森　達也訳

哲人の言葉でなく、普通の人々の意見・情報を手掛かりに政治哲学を論じる。最新のものまでカバーした充実の文献リストを付す。〈解説〉山岡龍一

2019.5

G404
象徴天皇という物語
赤坂憲雄

この曖昧な制度は、どう思想化されてきたのか。天皇制論の新たな地平を切り拓いた論考が、新稿を加えて、平成の終わりに蘇る。

G405
5分でたのしむ数学50話
エアハルト・ベーレンツ
鈴木 直訳

5分間だけちょっと数学について考えてみませんか。新聞に連載された好評コラムの中から選りすぐりの50話を収録。〈解説〉円城 塔

2019. 5